SEHEN · STAUNEN · WISSEN

NATUR-KATASTROPHEN

Buddhafigur als Strandgut
nach dem Tsunami

Mit dem Lichtteleskop
sucht man nach Meteoriten
im All.

Löschfahrzeug

Doppler-
Radarkuppel

Von einer Riesen-
welle verbogene
Gleise

Ruhelose Erde

In Vulkangestein eingebetteter Diamant

Im Erdinnern herrschen hohe Temperaturen und ein so gewaltiger Druck, dass Kohlenstoff zu Diamant wird, dem härtesten Mineral, das es gibt. Die Erdkruste ist in massive sog. tektonische Platten unterteilt. Manche der Platten treiben aufeinander zu, andere driften auseinander, und wieder andere schieben sich knirschend aneinander vorbei. Die intensive Hitze und der Druck im Erdinnern wirken auf die tektonischen Platten und können, wenn sie zur Erdoberfläche steigen, Vulkanausbrüche und Tsunamis auslösen – oft mit schlimmen Folgen, besonders für die Gebiete an den Plattenrändern.

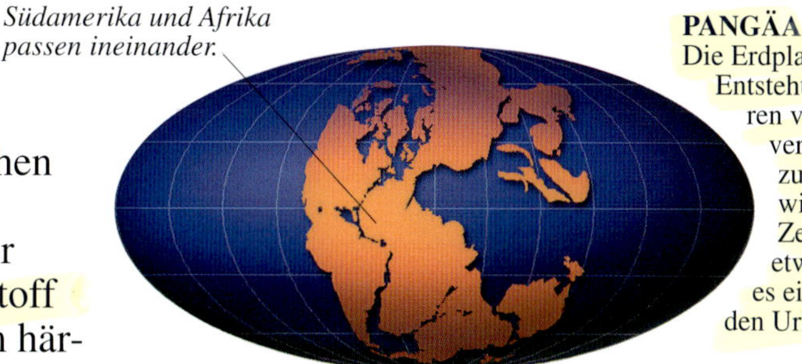

PANGÄA
Die Erdplatten haben sich seit ihrer Entstehung vor rund 4 Mrd. Jahren verschoben und ihre Form verändert. Sie fügten sich zusammen und drifteten wieder auseinander. Zur Zeit der Dinosaurier, vor etwa 200 Mio. Jahren, gab es eine einzige Landmasse – den Urkontinent Pangäa.

DIE ERDE HEUTE
Im Lauf der letzten 200 Mio. Jahre trieben die Platten, die heute Europa und Nord- bzw. Südamerika bilden, auseinander, und der Atlantik entstand. Jedes Jahr bewegen sich die Platten um mindestens 1 cm weiter, in manchen Fällen auch mehr, sodass die Weltkarte in weiteren 200 Mio. Jahren wieder ganz anders aussehen wird.

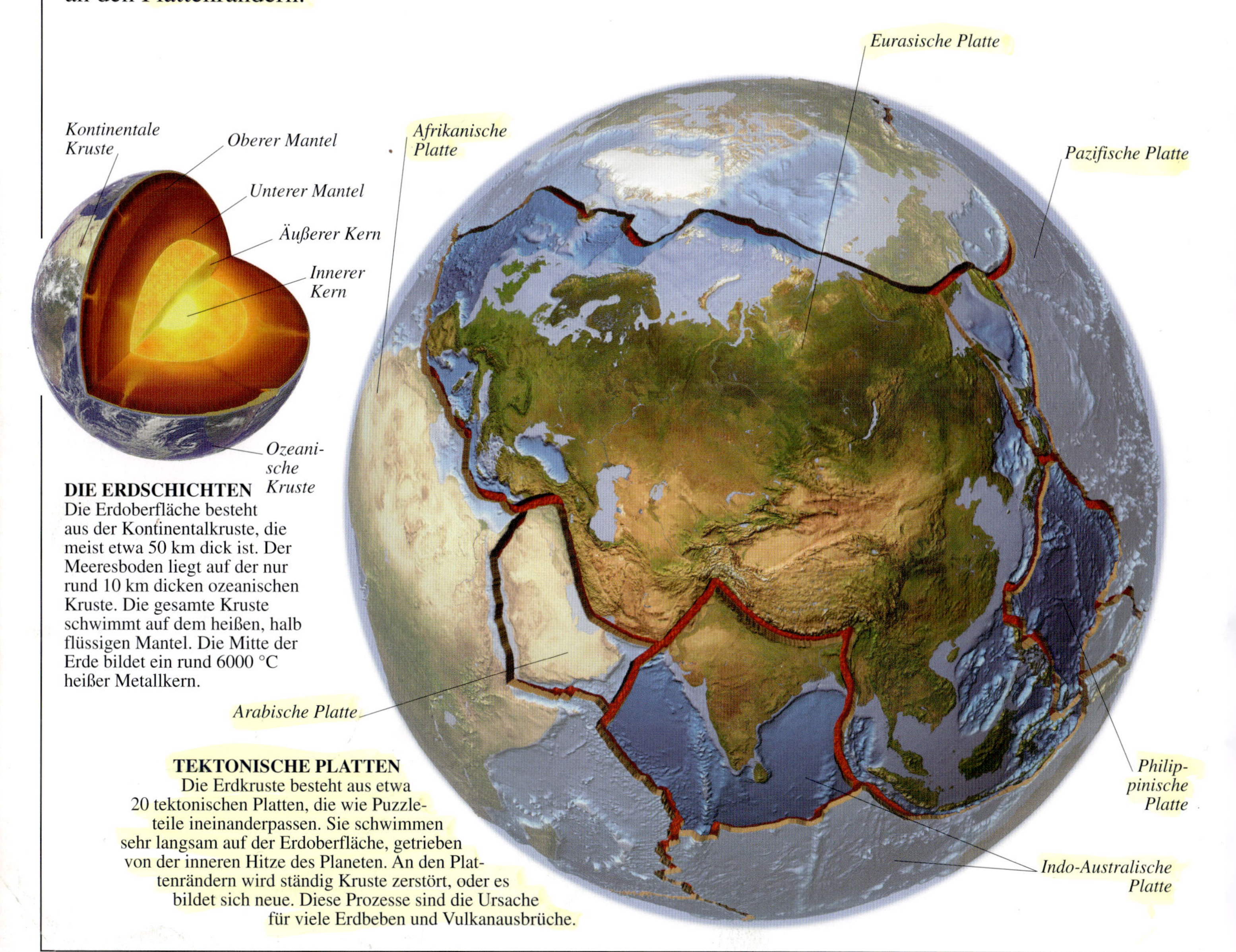

DIE ERDSCHICHTEN
Die Erdoberfläche besteht aus der Kontinentalkruste, die meist etwa 50 km dick ist. Der Meeresboden liegt auf der nur rund 10 km dicken ozeanischen Kruste. Die gesamte Kruste schwimmt auf dem heißen, halb flüssigen Mantel. Die Mitte der Erde bildet ein rund 6000 °C heißer Metallkern.

TEKTONISCHE PLATTEN
Die Erdkruste besteht aus etwa 20 tektonischen Platten, die wie Puzzleteile ineinanderpassen. Sie schwimmen sehr langsam auf der Erdoberfläche, getrieben von der inneren Hitze des Planeten. An den Plattenrändern wird ständig Kruste zerstört, oder es bildet sich neue. Diese Prozesse sind die Ursache für viele Erdbeben und Vulkanausbrüche.

LICHTERLOH
Waldbrände wie dieser in Big Sur/Kalifornien können durch Blitze oder weggeworfene Streichhölzer entstehen. Sie vernichten hunderte Hektar Waldboden und hinterlassen eine verödete, scheinbar tote Landschaft. Der Schaden ist nicht von Dauer, denn der Wald erholt sich allmählich auf natürliche Weise. Wenn der Wind aber das Feuer auf eine Stadt zubläst, sind Häuser und Menschenleben durch Flammen und Rauch in Gefahr.

Neues Wachstum nach dem ersten Regen

AUF DEM TROCKENEN
Mit wachsender Weltbevölkerung steigt der Wasserbedarf. Es gibt Hinweise, dass sich regionale Wettermuster durch Abholzen der Wälder verändern und den Menschen somit eine Mitschuld am häufigeren Auftreten von Dürren trifft. Mehr als 100 Mio. Menschen in über 20 Ländern in Afrika, Zentralasien und Südamerika leiden unter extremen Trockenperioden.

TÖDLICHE MÜCKENSTICHE
Die meisten schweren oder tödlichen Krankheiten stammen von Mikroorganismen wie diesem Parasiten und Malaria-Erreger im Speichel von Stechmücken. 40 % der Weltbevölkerung leben in malariaverseuchten Gebieten. Versuche, die Krankheit auszurotten, waren bisher erfolglos. Über 1 Mio. Menschen sterben jährlich an Malaria.

Mundwerkzeuge zum Blutsaugen

Einwohner flüchten mit ihrer Habe vor einem Vulkanausbruch.

FLUCHT
Im Jahr 1984 wurden 74.000 Menschen aus der Gefahrenzone um den Vulkan Mayon/Philippinen evakuiert. Forscher, die den Vulkan regelmäßig überwacht hatten, sagten den Ausbruch vorher, sodass die Anwohner sich rechtzeitig in Sicherheit bringen konnten. Dank moderner Technik wie z. B. Satelliten sind heute nicht nur zuverlässige Wettervorhersagen möglich, auch Naturkatastrophen lassen sich z. T. vorhersagen.

Der dynamische Planet

Auf unserem Planeten, der Erde, finden wir Luft, Nahrung, Wärme und was wir sonst noch zum Leben brauchen. Doch auf der Erde können sich auch Naturkatastrophen ereignen – Tsunamis, Erdrutsche, Wirbelstürme, Waldbrände und Überschwemmungen –, die Menschen töten, ihr Hab und Gut zerstören und der Umwelt schaden. Solche Katastrophen brechen urplötzlich herein, wie etwa Erdbeben, oder vollziehen sich schleichend, wie Dürren oder Seuchen. Einer von 30 Menschen fällt den jährlich über 700 Naturkatastrophen zum Opfer.

DAS ERDBEBEN VON LISSABON
1755 zerstörte ein Erdbeben mit Tsunami die portugiesische Hauptstadt. Das zeitgenössische Bild übertreibt vermutlich, wie vor der Erfindung der Fotografie nicht unüblich.

RUHELOS
Außer der Sonne beeinflussen auch Vorgänge im Erdinnern das Verhalten unseres Planeten. Die Sonne bestimmt das Wetter und kann Gewitter, Stürme, Dürren und Überschwemmungen verursachen. Hitze aus dem Erdinnern wiederum versetzt u. a. Gestein in Bewegung und löst so Erdbeben, Vulkanausbrüche und Tsunamis aus.

LAVASTRÖME
Lava quillt aus dem Kilauea auf Hawaii, einem der aktivsten Vulkane der Erde, der häufig ausbricht. Es gibt heute über 1000 tätige Landvulkane. Sie zeugen vom gewaltigen Druck im Erdinnern.

Der Boden hob sich und brachte dieses Haus in eine gefährliche Kipplage.

SCHIEFLAGE
Erdbeben zählen zu den schlimmsten Naturkatastrophen. Diese Straße in Ojiya im Nordwesten Japans lag nach einem Beben im Oktober 2004 buchstäblich auf der Seite. Im 20. Jh. gab es fast 1,5 Mio. Erdbebentote, und mit wachsender Weltbevölkerung werden die Opferzahlen künftig steigen (im Oktober 2005 kamen bei einem einzigen Beben in Pakistan 38.000 Menschen um). Überlebende von Erdbeben haben oft nur noch die Kleider am Leib. Ihre Häuser sind eingestürzt, Höfe, Fabriken und Bürogebäude (und damit ihr Lebensunterhalt) zerstört. Verkehrsverbindungen, Telefonleitungen und Wasserversorgung sind zusammengebrochen, und auch wichtige Einrichtungen wie Krankenhäuser sind in Mitleidenschaft gezogen.

Inhalt

Lavafontänen spritzen aus dem Ätna

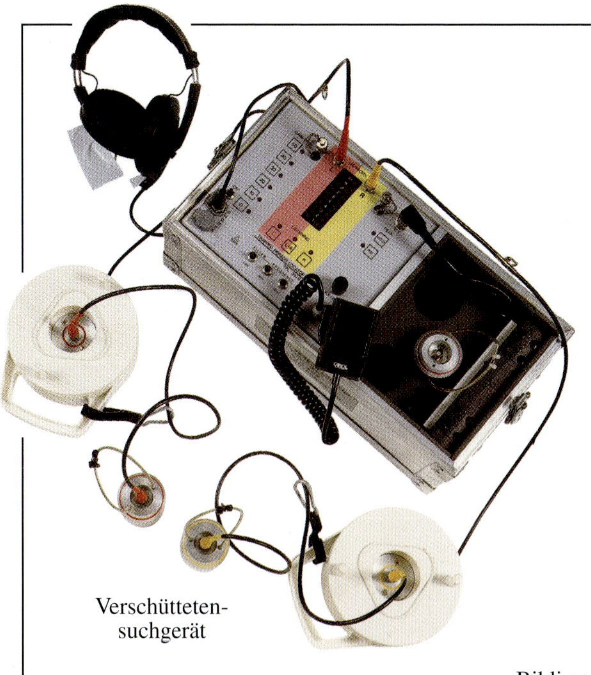

Verschütteten-
suchgerät

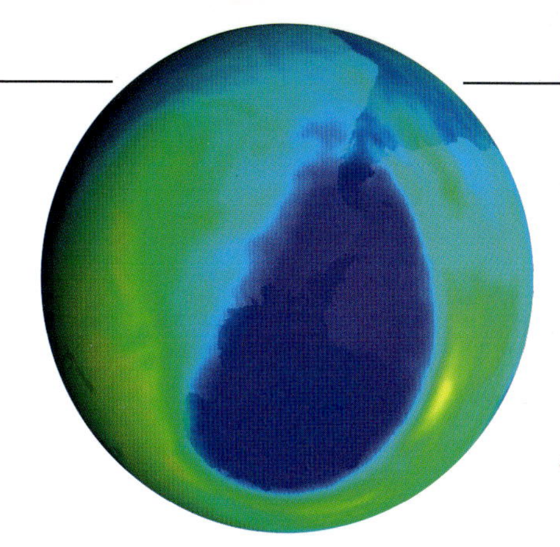

Ozonloch über
der Antarktis

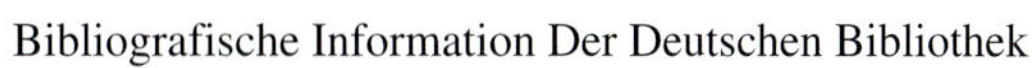

Bibliografische Information Der Deutschen Bibliothek

Die Deutsche Bibliothek verzeichnet diese Publikation in der Deutschen Nationalbibliografie; detaillierte bibliografische Daten sind im Internet über *http://dnb.ddb.de* abrufbar.

Ein Dorling-Kindersley-Buch
Originaltitel: Eyewitness Guides: Natural Disasters

Lektorat: Caroline Buckingham, Jackie Fortey, Camilla Hallinan, Andrey Macintyre, Carey Scott
Programmleitung: Laura Buller
Herstellung und Gestaltung: Andy Hilliard, Johnny Pau, Owen Peyton-Jones, Sarah Ponder, Samantha Richiardi, Gordana Simakovic, Sophia M. Tampakopoulos
Bildredaktion und -recherche: Celia Dearing, Julia Harris-Voss, Rose Horridge, Jo Walton

Aus dem Englischen von Christiane Bergfeld, Hamburg
Redaktionelle Bearbeitung der deutschsprachigen Ausgabe von Eva Schweikart, Hannover

Satz: O & S Satz GmbH, Hildesheim
Printed in China

www.gerstenberg-verlag.de

ISBN 978-3-8067-5540-4

07 08 09 10 11 5 4 3 2 1

Regengott der Maya

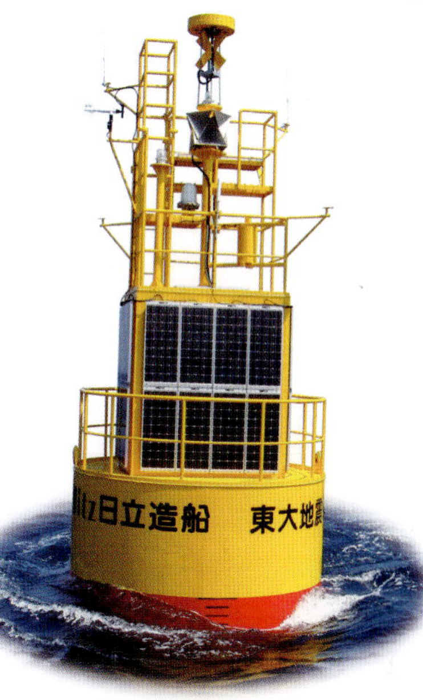

Tsunami-Warnboje

Feuerspringer

Tsunami

NATUR-KATASTROPHEN

Tsunamis, Hurrikane, Erdbeben, Vulkanausbrüche

Text von
Claire Watts

Hurrikan-Warnflaggen

Geschnitzter Pockengeist

Der Planet Erde

Erdbebenschreiber (Seismograph)

Gipsabgüsse von Menschen, die beim Ausbruch des Vesuv umkamen

Gerstenberg Verlag

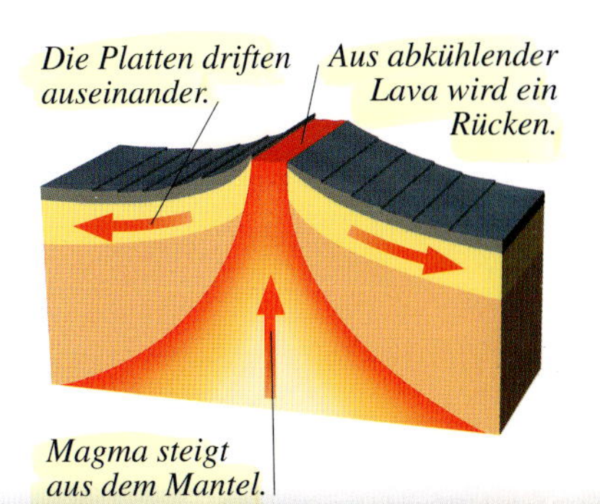

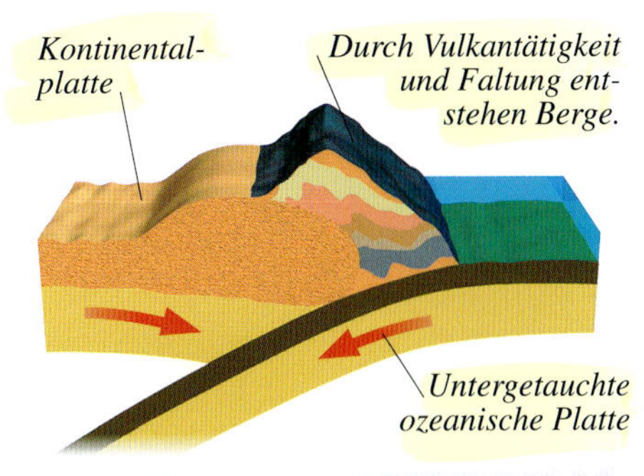

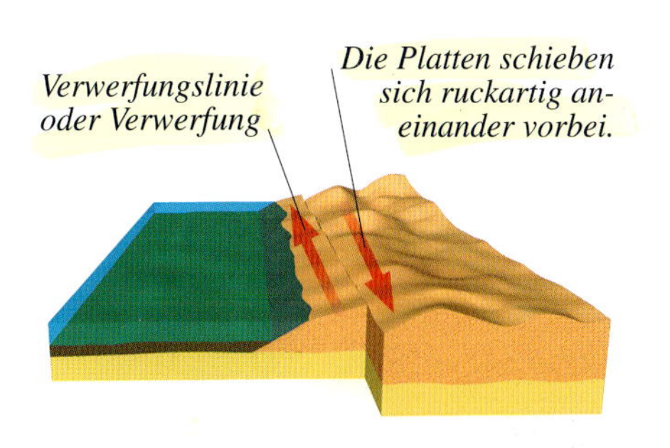

DIVERGIERENDE GRENZEN
Wenn die Platten divergieren, d. h. auseinanderdriften, füllt geschmolzenes Gestein die Lücken; so entsteht neue Kruste. In der Mitte des Roten Meeres und seines nordöstlichen Arms (Golf von Akaba) divergieren die Afrikanische und Arabische Platte seit rund 50 Mio. Jahren. An solchen Stellen entstehen meist Meeresrücken; auch der Mittelatlantische Rücken kam so zustande.

KONVERGIERENDE GRENZEN
Beim Zusammenstoß zweier Platten wird die ozeanische unter die kontinentale geschoben und bildet einen steilen Graben zum Meeresboden hin; das nennt man Subduktion. Die untergetauchte Kruste verschmilzt mit Magma, die dann durch die kontinentale Kruste aufsteigt. So entsteht ein vulkanischer Gebirgszug wie die Anden in Südamerika.

TRANSFORMSTÖRUNG
Eine Stelle, an der sich zwei Platten verhaken, wie am San-Andreas-Graben an der Pazifikküste der USA, heißt Transformstörung. Dort baut sich Druck auf, bis sich die Platten ruckartig voneinander lösen und weiterschieben. Das löst ein Seebeben oder einen Tsunami aus.

NEUE KRUSTE
Wo Magma (geschmolzenes Gestein) aus dem Erdmantel auftaucht, entsteht neue Kruste, entweder durch einen gewaltigen Vulkanausbruch oder durch das Auseinanderdriften der Platten. Auch fern von den Plattenrändern sickert an sog. Hot Spots Magma durch Schwachstellen in der Erdkruste. Indem sich die Platte allmählich über die Hot Spots bewegt, entsteht aus der Magma – Lava genannt, sobald sie nach oben kommt – eine Kette von Vulkaninseln wie Hawaii oder Galapagos.

Was ist ein Tsunami?

Ein Tsunami, der sich der Küste nähert, kündigt sich manchmal wie eine Sturmflut durch plötzliches Anschwellen des Ozeans an. Er ist jedoch keine Flut, sondern entsteht durch massive Wasserbewegung oder -verdrängung, oft aufgrund von Vorgängen im Meeresboden infolge von Seebeben. Tsunamis erreichen bis zu 950 km/h. An der Küste türmen sich ihre Wellen bis zu 30 m hoch auf. Tsunamis bestehen oft aus einer ganzen Wellenkette, und die erste Welle ist selten die größte. Wahre Wasserwände können stundenlang auf die Küste zurollen, den Sand von Stränden schwemmen und Bäume entwurzeln. Oft dringt das Wasser ins Binnenland, überflutet Äcker und verwüstet Städte.

TSUNAMI
Dieses berühmte Gemälde des Japaners Katsushika Hokusai zeigt eine turmhohe Woge. Tsunamis bezeichnete man früher als Flutwellen, heute aber weiß man, dass sie mit den Gezeiten nichts zu tun haben. Das Wort „Tsunami“ bedeutet Hafenwelle.

ERDRUTSCHE
Tsunamis können auch entstehen, wenn Berge teilweise ins Meer stürzen. Die Wasserverdrängung löst dann eine Riesenwelle aus. Durch Erdrutsche entstehen auch regional begrenzte Tsunamis, die bald wieder abklingen.

Rauch- und Aschewolken aus dem Mont Pelée auf Martinique

VULKANAUSBRUCH
Im Mai 1902 brach der Mont Pelée auf der Karibikinsel Martinique aus. Eine Druckwelle aus heißen vulkanischen Gasen, Asche und Gesteinsbrocken (pyroklastischer Strom genannt) vernichtete die Hafenstadt Saint-Pierre und löste im Meer eine Riesenwelle aus.

Der Vulkan Soufrière auf der Insel Montserrat (1997)

BEBEN
Bei einem Erdbeben können gewaltige Risse im Boden entstehen, wie in dieser Salzmarsch in Gujarat/Indien. Bei untermeerischen Beben können die Schockwellen einen Tsunami auslösen. Die meisten Tsunamis entstehen durch Beben an den Rändern der tektonischen Platten.

VOM HIMMEL GEFALLEN
Jeden Tag stürzen Meteoriten wie der rechts gezeigte aus dem All auf die Erde. Die meisten verglühen in der Atmosphäre. Manche landen im Meer und sinken auf den Grund. Stürzt ein sehr großer Meteorit ins Meer, kann dies einen Tsunami verursachen.

Meteorit aus Stein und Eisen

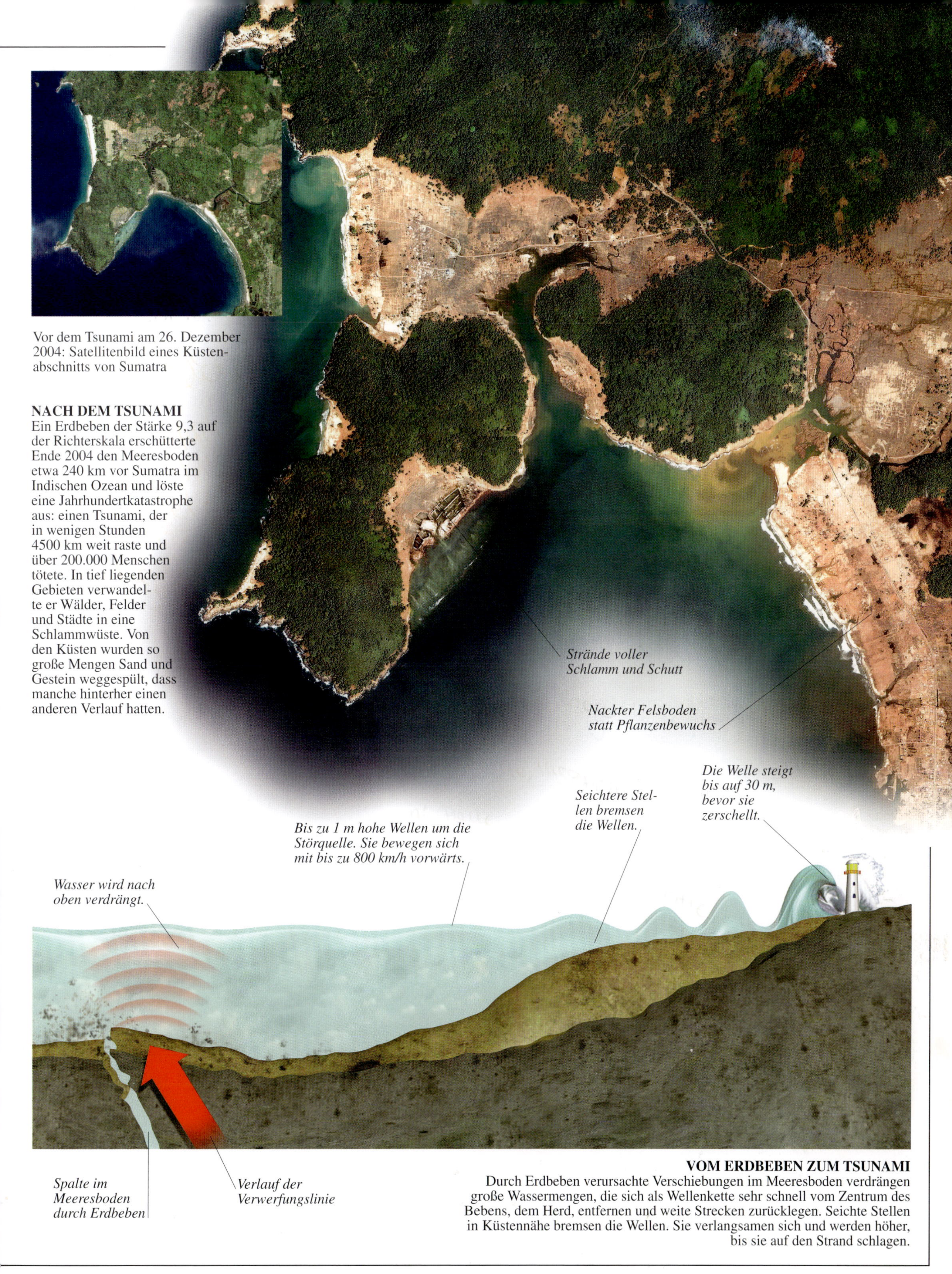

Vor dem Tsunami am 26. Dezember 2004: Satellitenbild eines Küstenabschnitts von Sumatra

NACH DEM TSUNAMI
Ein Erdbeben der Stärke 9,3 auf der Richterskala erschütterte Ende 2004 den Meeresboden etwa 240 km vor Sumatra im Indischen Ozean und löste eine Jahrhundertkatastrophe aus: einen Tsunami, der in wenigen Stunden 4500 km weit raste und über 200.000 Menschen tötete. In tief liegenden Gebieten verwandelte er Wälder, Felder und Städte in eine Schlammwüste. Von den Küsten wurden so große Mengen Sand und Gestein weggespült, dass manche hinterher einen anderen Verlauf hatten.

VOM ERDBEBEN ZUM TSUNAMI
Durch Erdbeben verursachte Verschiebungen im Meeresboden verdrängen große Wassermengen, die sich als Wellenkette sehr schnell vom Zentrum des Bebens, dem Herd, entfernen und weite Strecken zurücklegen. Seichte Stellen in Küstennähe bremsen die Wellen. Sie verlangsamen sich und werden höher, bis sie auf den Strand schlagen.

Wellenkraft

Tektonische – durch Erdbeben und Vulkanausbrüche ausgelöste – Tsunamis sind so mächtig, dass sie tausende Kilometer zurücklegen und Küstenlinien verändern. Lokal begrenzte – durch Felsstürze verursachte – Tsunamis können noch höhere Wellen schlagen, bewegen sich aber meist nicht sehr weit. Die größten Tsunamis kommen durch Meteoriten zustande. Wie heftig ein Tsunami ausfällt, hängt jedoch nicht nur davon ab, wie er entsteht. Wenn er eine Bucht erreicht, kann die Form der Küstenlinie die Wellen kanalisieren und sie schmaler, steiler und zerstörerischer werden lassen.

WELLE ODER TSUNAMI?
Vom Wind erzeugte Wellen wie diese schlagen etwa alle 10 Sekunden an die Küste, wobei ungefähr 150 m Abstand zwischen den Wellenkämmen liegen. Ein Tsunami dagegen, der auf den Strand rollt, bildet selten solche Brecher. Zudem können zwischen den Wellenkämmen bis zu 500 km liegen, sodass erst nach einer Stunde die nächste Welle aufschlägt.

HAFENWELLE
Am 18. November 1867 geriet der Dampfer *La Plata* in einen Tsunami, der Saint Thomas/Amerikanische Jungferninseln heimsuchte. Verursacht wurde er durch ein Beben der Stärke 7,5 auf der Richterskala. Augenzeugen sahen eine 6 m hohe Wasserwand über den Hafen schwappen.

Ein Brecher kann so viel Kraft erzeugen wie der Schub der Haupttriebwerke einer Raumfähre.

Vom Tsunami ausgewaschene Hänge – nach 14 Jahren noch ohne Bewuchs

DER GRÖSSTE TSUNAMI
Am 9. Juli 1958 ließ ein Erdbeben etwa 90 Mio. Tonnen Gestein in die Lituya-Bucht in Alaska/USA stürzen. Eine Flutwelle riss die Vegetation von den Felsen. Dann erzeugte ein Felssturz einen lokal begrenzten 30 m hohen Tsunami – einen der größten in jüngster Zeit. Er fegte durch die Bucht, flutete ins Binnenland und entwurzelte Bäume.

MEERESKUNST
Die bizarren Türme und Höhlen der Cathedral Rocks in Neusüdwales/ Australien schuf vor Jahrtausenden ein mächtiger Tsunami in nur wenigen Minuten. Nach Ansicht der Wissenschaftler entstand er, nachdem ein Riesenmeteorit ins Meer gestürzt war oder am Meeresgrund eine gewaltige Rutschung stattgefunden hatte. Tsunamis, die auf diese Weise entstehen, sind die mächtigsten überhaupt.

Vom Tsunami zerstörter Öltankwagen

FLAMMENMEER
Am Karfreitag im März 1964 löste ein Erdbeben an der Küste Alaskas Rutschungen aus, die in der Stadt Seward einen 9 m hohen lokal begrenzten Tsunami zur Folge hatten. Er beschädigte Öltanks in der Bucht, die Feuer fingen; kurz darauf raste die erste Welle eines tektonischen Tsunamis heran und schob eine Wand aus brennendem Öl auf die Stadt Seward zu, die fast vollständig in Flammen aufging.

TSUNAMI UND GEZEITEN-BORE
Wenn ein Tsunami eine Flussmündung oder Bucht erreicht, formt die Küste zu beiden Seiten aus der Welle eine schmale hohe Mauer aus Millionen Tonnen Wasser. Besonders hohe Fluten erzeugen ähnliche Wasserwände, die sog. Boren. Hier werden Touristen am ostchinesischen Fluss Qiantang von einer Gezeiten-Bore überrascht. Am Qiantang hat man bis zu 9 m hohe Boren mit 40 km/h Tempo registriert.

Wände aus Wasser

Das Seebeben, das am 26. Dezember 2004 den Tsunami im Indischen Ozean auslöste, setzte so viel Energie frei wie die Explosion tausender Atomsprengköpfe. Vom Epizentrum über dem unterseeischen Bebenherd vor der indonesischen Insel Sumatra breiteten sich die Wellen strahlenförmig aus. Die mächtigsten bewegten sich nach Osten und Westen. Im nördlich gelegenen Bangladesch beklagte man relativ wenige Opfer. Das afrikanische Land Somalia dagegen traf es härter, obwohl Afrika weit im Westen liegt. Getroffen wurden aber nicht nur die Küsten in direkter Linie vom Epizentrum aus. Manche Wellen wurden um Landmassen herumgedrückt und erreichten die Westküste Sri Lankas und Indiens.

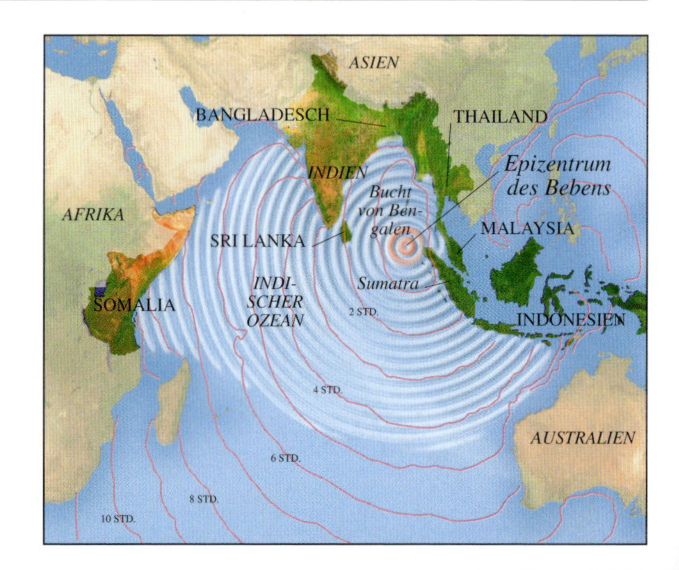

SCHOCKWELLEN
Vom Epizentrum über dem Bebenherd breiteten sich Schockwellen aus. Die rosa Linien auf der Karte zeigen, wie weit sie binnen einer Stunde jeweils vordrangen. Nach nur 15 Minuten trafen sie die Küste Sumatras, nach sieben Stunden Somalia. Sogar im weit entfernten Nordaustralien richteten sie noch Schäden an.

EIN BILD DES SCHRECKENS
Dieses Seismogramm zeigt das Seebeben, das Südostasien kurz vor 8 Uhr Ortszeit erschütterte. Große Beben dauern meist nur wenige Sekunden, dieses aber zog sich über zehn Minuten hin. Als es aufhörte, ahnte niemand, dass es etwas weit Schlimmeres ausgelöst hatte – einen Tsunami.

Vor einem Tsunami kann das Meer an sanft abfallenden Stränden bis zu 2,5 km zurückweichen.

DIE RUHE VOR DEM STURM
Etwa eine halbe Stunde, bevor der Tsunami hereinbrach, zog sich das Wasser an manchen Stränden zurück. Wenn das Tal einer Welle (ihr unterer Teil) den Strand vor dem Kamm erreicht, wird das Wasser weggesaugt. Dieser „Rückzug“ ist ein Warnzeichen, den Strand zu verlassen. Am Indischen Ozean gingen aber viele Menschen weit auf die leeren Strände hinaus – ihr Wagemut hatte tragische Folgen.

DIE WELLE ÜBERROLLT SRI LANKA
Dieses Foto wurde aus einem Hotelzimmer im Südwestens Sri Lankas aufgenommen. Es zeigt die Riesenwelle, die zwei Stunden nach dem Beben zuschlug. In der Folge rollten noch mehrere bis zu 10 m hohe Wellen heran, wie bei einer gewaltigen Flut, und schossen zwischen Häuser und Bäume.

DER TSUNAMI IN PENANG
Dieses Bild (aus einem Amateurvideo) hält den Augenblick fest, als der Tsunami einen Touristenort in Malaysia erreichte – 90 Minuten nach dem Beben. Zum Glück waren die Badegäste dort wegen unruhiger See vor dem Strandbesuch gewarnt worden. Die Insel Sumatra schirmte Malaysia gewissermaßen ab, sodass es nicht von der vollen Wucht des Tsunamis getroffen wurde.

Die Woge zerschellt an der Mauer und brandet auf.

Diese Uhr blieb stehen, als der Tsunami das Land erreichte.

MITGERISSEN
Die Wellen verwüsteten die Strände der indonesischen Provinz Aceh und rissen viele Menschen ins Meer. Der junge Mann auf dem Bild überlebte, weil er sich an einen Baumstamm klammerte. Neun Tage lang ernährte er sich auf See von Regenwasser und Kokosnüssen, dann fischte ihn 160 km westlich von Aceh ein malaysisches Containerschiff auf.

DIE ZEIT STAND STILL ...
Als erste bewohnte Gegend traf der Tsunami die Stadt Banda Aceh an der Westspitze von Sumatra/Indonesien. Diese Uhr fand man in den Trümmern der Stadt. Sie zeigt 8:45 Uhr – um diese Uhrzeit schlug der Tsunami zu. In Banda Aceh richteten die Wellen den größten Schaden an; sie erreichten die schwindelerregende Höhe von 24 m.

TRÜMMER
Am Strand von Patong auf Phuket/Thailand fließt das Wasser wieder ab, das sich 2 km weit landeinwärts gewälzt hatte. Die herumwirbelnden Trümmer verletzten tausende von Menschen.

Eine versunkene Welt

Als in Südostasien Anfang 2005 wieder etwas Ruhe einkehrte, bot sich ein Bild des Grauens. Die genaue Zahl der Toten wird man nie erfahren, denn viele blieben im Meer. Man schätzt sie auf über 200.000. Die Suche nach Überlebenden war schwierig, denn manche waren von der Außenwelt abgeschnitten, weil das Wasser Eisenbahnschienen und Straßen einfach weggespült hatte. Häuser und Fischerboote waren zerstört, Ackerland von Salzwasser überflutet, und viele Touristenorte lagen in Trümmern.

SCHIFFBRUCH
Nicht nur Leben wurde zerstört, sondern auch die Lebensgrundlage vieler Menschen. Rund um den Indischen Ozean lagen zertrümmerte Fischerboote am Strand, die nicht mehr zu reparieren waren. Im indischen Bundesstaat Tamil Nadu vernichtete der Tsunami zwei Drittel der Fischereiflotte.

WEGGESPÜLT
An der Küste Ostafrikas war Somalia besonders schlimm betroffen, obwohl es 7000 km vom Epizentrum entfernt liegt. 300 Somalier kamen um, 50.000 wurden obdachlos und mussten mit Zelten, Nahrung und medizinischer Hilfe versorgt werden. Im Küstenort Hafun (oben) verzögerten sich die Hilfsmaßnahmen, weil die Straße zum Ort weggeschwemmt war.

Boote wurden zwischen die Häuser geschleudert.

BERGUNG DER OPFER
Nach dem Tsunami suchte man im Meer nach Überlebenden; viele Menschen konnten allerdings nur tot geborgen werden. In Madras (oben) an der südindischen Küste starben 390 Menschen.

VERBOGEN UND ZERBROCHEN
Bei Sinigame an der Südwestküste Sri Lankas starben 1500 Zugreisende, als der Tsunami die Bahn von den Gleisen und Letztere aus ihrer Verankerung riss.

BANDA ACEH
Am schwersten traf der Tsunami die indonesische Stadt Banda Aceh auf Sumatra, die nur 250 km vom Epizentrum des Bebens entfernt liegt. Als das Wasser abfloss, lag sie in Trümmern. Augenzeugen verglichen den Zustand der Stadt mit Hiroshima nach dem Abwurf der Atombombe 1945. Man schätzt, dass in Banda Aceh binnen 15 Minuten etwa 100.000 Menschen starben.

Dem Erdboden gleich gemachte Häuser

Auf den mit Salzwasser überfluteten Äckern wächst auf Jahre hinaus nichts mehr.

VERZWEIFELT GESUCHT
Viele Wochen nach dem Unglück hingen „Steckbriefe“ von Vermissten in den Touristenorten, z. B. hier auf Phuket/Thailand. In den mit Verletzten überfüllten Krankenhäusern und im Trümmerchaos suchten die Menschen verzweifelt nach Familienangehörigen und Freunden.

WÜHLEN IM MÜLL
Überall in den betroffenen Gegenden suchten die über 1 Mio. obdachlos Gewordenen nach einigermaßen brauchbarem Hausrat in den Trümmern. Auf den entlegenen Andaman- und Nikobar-Inseln wurde dies durch tagelange Nachbeben erschwert.

TOTENGEDENKEN
Diese Figur fand man am Strand von Khao Lak/Thailand. Sie soll an die Opfer der Katastrophe erinnern. An den Stränden wurde später in Gedenkfeiern der Toten gedacht.

Das große Aufräumen

Nach der Katastrophe von 2004 traf Hilfe aus aller Welt in Südostasien ein. Als Erstes brauchten die Überlebenden Unterkünfte und Medikamente. Dann begannen Helfer, die Trümmer wegzuräumen, und nahmen die wohl schwerste Aufgabe in Angriff: das Bergen der Leichen, bevor diese verwesten und womöglich Seuchen ausbrachen. Nach den Aufräumarbeiten konnte man langsam wieder das normale Leben aufnehmen. Da die Region stark vom Tourismus lebt, war es wichtig, dass wieder Urlauber kamen und sich überzeugten, dass der Tsunami das Tropenparadies nicht für immer zerstört hatte.

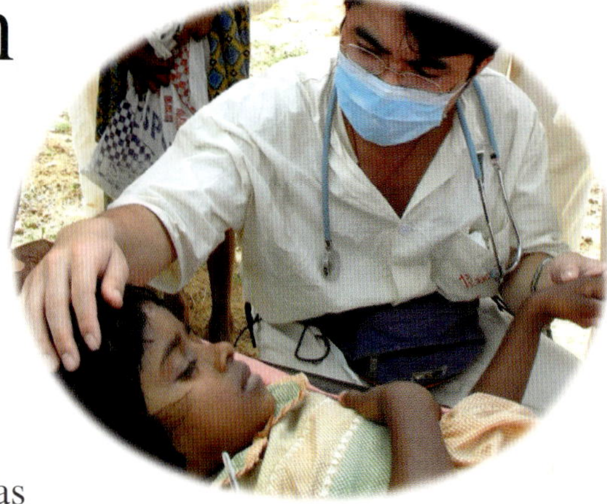

RETTUNGSTEAMS
Regierungen und Hilfsorganisationen aus aller Welt schickten Lebensmittel, Medikamente und Zelte für Menschen, die ihr Heim und ihre Habe verloren hatten. Unter den Helfern waren auch viele Mediziner wie dieser chinesische Arzt. Sie versorgten zehntausende Verletzte, die häufig unter Schock standen.

Notunterkünfte in Bang Muang, Phang Tha/Thailand

ZELTSTADT
Die Obdachlosen brachte man in riesigen Zeltlagern unter. Wegen der unhygienischen Zustände in solchen Lagern bestand die Gefahr, dass Seuchen wie Cholera und Typhus ausbrachen. Doch die Gesundheitsbehörden vor Ort handelten schnell und verschafften den Überlebenden sauberes Trinkwasser, Essen, Kochmöglichkeiten, Seife und sanitäre Anlagen.

Dieser Elefantentreiber trägt einen Mundschutz gegen den Verwesungsgestank.

ELEFANTEN IM EINSATZ
Damit keine Seuchen ausbrachen, mussten die Leichen nach dem Unglück schnell bestattet werden. Thailands Elefanten, die oft in der Holz- oder Tourismusbranche eingesetzt werden, erwiesen sich als wertvolle Hilfe, wo Geländewagen versagten. Zuerst spürte man mit Suchhunden Leichen auf, dann schafften die Elefanten Baumstämme und Mauerreste weg. Mit ihnen wurden auch die Leichen zu Friedhöfen transportiert.

WIEDERAUFBAU
Der Tourismus ist eine der wichtigsten Branchen Südostasiens. Nach dem Tsunami lagen beliebte Urlaubsgegenden wie die Insel Phi Phi buchstäblich in Trümmern. Mit Bulldozern räumte man den Schutt weg und riss halb zerstörte Gebäude ab, um danach alles neu aufzubauen.

BOOTSBAU
Entlang der Küste machten sich Einheimische an die Reparatur der zerstörten Boote oder bauten neue. Boote sind wichtig für die Fischerei, aber auch für Ausflugsfahrten in Touristengegenden. Dort zeigt man den Urlaubern gern die Korallenriffe und die vielfältige Fauna und Flora des Meeres.

Bootsbau am Strand von Phuket/Thailand

Notunterkünfte für Helfer und ihre Ausrüstung

DAS LEBEN GEHT WEITER ...
Der Tsunami zerstörte diese Grundschule in Hikkaduwa/Sri Lanka, aber schon zwei Wochen später wurde der Unterricht im reparierten Gebäude wieder aufgenommen. Rund ein Drittel der Tsunami-Opfer waren Kinder; sie konnten der Gewalt der Wellen noch weniger widerstehen als Erwachsene.

Warnsysteme

Hinweis auf Flut-Evakuierung

Der Tsunami von 2004 traf die Länder am Indischen Ozean ohne Vorwarnung. Am Pazifik, wo Tsunamis häufiger vorkommen, überwachen Ozeanographen (Meereskundler) das Meer und melden mittels Sirenen und Radiodurchsagen, wenn sich ein Tsunami nähert. Fluchtwege zu höher gelegenen Notaufnahmelagern oder in die oberen Etagen von stabilen Betongebäuden sind dort ausgeschildert. Überwachungsgeräte im Pazifischen Tsunami-Warnzentrum auf Hawaii registrierten das Seebeben vor Sumatra, das den Tsunami auslöste, aber an den Küsten des Indischen Ozeans gab es kein adäquates Warnsystem. Wäre dies der Fall gewesen, so hätten tausende Menschenleben gerettet werden können.

Die Antenne übermittelt Signale.

TSUNAMI-BEOBACHTUNG
Ein am Meeresboden verankerter Sensor misst den Wasserdruck. Erhöht sich die Säule über dem Sensor um nur 1 cm, verändert sich der Druck, und der Sensor sendet ein Signal an die Boje auf dem Wasser. Die Boje leitet das Signal an einen Satelliten weiter, der die japanische Tsunami-Frühwarnstation alarmiert.

Boje mit Solarenergiebetrieb

Offene Hafenschleuse für hohe Schiffe

Das Tor wiegt 840 t.

AUSGESPERRT
Diese 9 m hohe Riesenschleuse im Hafen von Nomazu/Japan schließt sich automatisch bei Tsunamis. Ein angeschlossener Erdbebenschreiber registriert alle Vorgänge, die einen Tsunami ankündigen könnten. Da die meisten Japaner an der Küste wohnen, ist diese dicht besiedelte Erdbebenregion auf Vorwarnungen angewiesen.

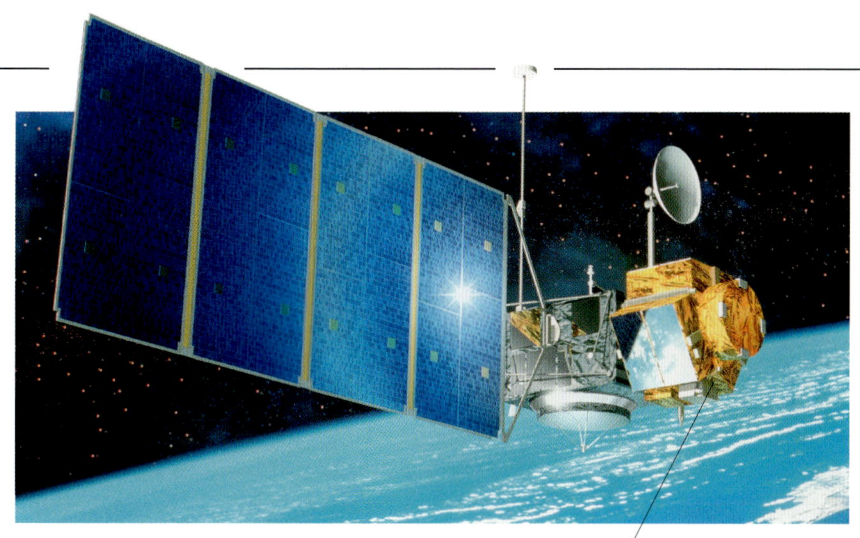

DAS MEER AUS DEM ALL
Seit 1992 zeichnet der Satellit Poseidon auf seiner Erdumlaufbahn die Meeresspiegel und -strömungen auf. Winzige Abweichungen unmittelbar nach einem Seebeben können einen Tsunami ankündigen.

Zwei Radarhöhenmesser ermitteln die Höhe des Meeresspiegels.

TSUNAMI-WARNTURM
Neue Warntürme wie dieser in Thailand werden derzeit am Indischen Ozean gebaut. Wenn ein solches Warnzentrum einen Tsunami registriert, gibt es sofort die Meldung an die eventuell betroffenen Küsten weiter. Man unterbricht dann TV- und Radiosendungen und fordert die Bewohner auf, höher gelegene Regionen fern der Küste aufzusuchen.

TSUNAMI-WARNZENTRUM
Meereskundler im Pazifischen Tsunami-Warnzentrum auf Hawaii sammeln Informationen über Seebeben und Meeresspiegelabweichungen, um mögliche Tsunamis vorherzusagen. Binnen einer Stunde nach einem Beben können sie melden, wo und wann ein Tsunami zu erwarten ist. Ein ähnliches Warnsystem entsteht nun am Indischen Ozean.

SONARGERÄTE
Ein erster Schritt zum Aufbau eines Tsunami-Warnsystems am Indischen Ozean ist die Erdbebenüberwachung am Meeresboden in der Region. Dieses Sonargerät soll den Meeresboden vor Banda Aceh abbilden, wo 2004 der Tsunami zuschlug. Aus den Signalen vom Meeresgrund werden 3D-Bilder erstellt.

Touristen vor dem Tsunami-Warnturm auf Phuket/Thailand

Gebiete über dem Meeresspiegel

Steilhänge am Rand der Tiefsee

Gebiete unterhalb des Meeresspiegels sind blau/grün.

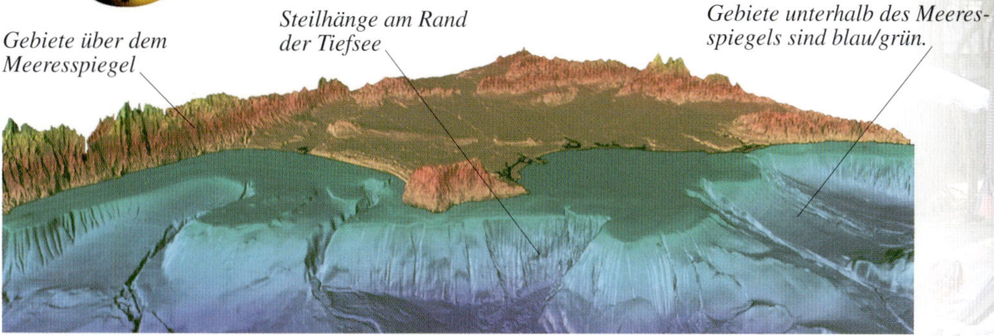

DER MEERESBODEN IN 3D
Dieses Falschfarben-3D-Bild von einem Sonargerät zeigt den Meeresboden vor Kalifornien/USA. Solche Darstellungen ermöglichen es den Ozeanographen, Vorgänge am Meeresboden zu untersuchen, die einen Tsunami auslösen könnten. Durch regelmäßiges Scannen werden Störungen offenbar – etwa Bewegungen an den Verwerfungslinien oder das Einstürzen von untermeerischen Hängen an den Rändern der Kontinente.

Die Erde bebt

DER ERDERSCHÜTTERER POSEIDON
Im Alten Griechenland glaubte man, Erdbeben würden vom Meeresgott Poseidon verursacht. Wenn der Gott zürnte, stampfte er auf den Boden oder stieß mit seinem Dreizack darauf und löste so ein Erdbeben aus. Seine unberechenbare Gewalt trug ihm den Beinamen „Erderschütterer" ein.

Die scheinbar feste, starre Erdoberfläche bewegt sich ständig. Ihre Platten treiben langsam dahin, manchmal aber auch mit einem jähen Ruck, der den Boden erzittern lässt. Die Stärke von Erdbeben misst man mit einer Skala, die der Amerikaner Charles Richter 1935 ersann. Die schwächsten aufgezeichneten Beben der Stärke 3,5 bringen gerade mal eine Tasse auf dem Tisch zum Zittern, die stärksten (ab 8 auf der Skala) radieren ganze Städte aus. Verhindern kann man Erdbeben zwar nicht, aber sie lassen sich aufgrund von Aufzeichnungen und Druckmessungen vorhersagen.

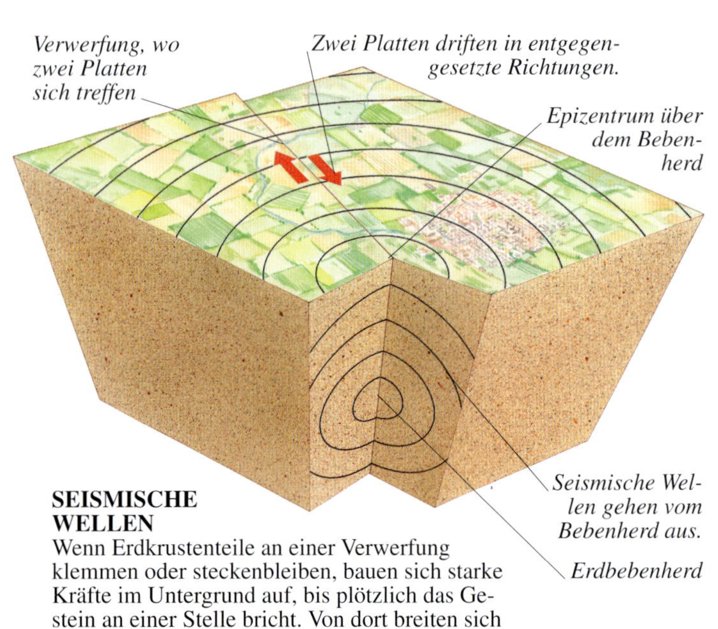

SEISMISCHE WELLEN
Wenn Erdkrustenteile an einer Verwerfung klemmen oder steckenbleiben, bauen sich starke Kräfte im Untergrund auf, bis plötzlich das Gestein an einer Stelle bricht. Von dort breiten sich Schwingungen aus, sog. seismische Wellen. Das Erdbeben ist im Epizentrum, unmittelbar über dem Herd auf der Erdoberfläche, am stärksten. Bei den verheerendsten Erdbeben liegt der Herd weniger als 65 km unter der Erdoberfläche.

SAN-ANDREAS-GRABEN
Der rund 1200 km lange San-Andreas-Graben erstreckt sich von Mexiko durch Kalifornien/USA und markiert die Grenze zwischen der Pazifischen und der Nordamerikanischen Platte. Die Platten bewegen sich ruckartig aneinander vorbei und erzeugen dabei leichte Erdstöße; an manchen Stellen verhaken sie sich, und wenn irgendwann der Druck nachlässt, verschieben sie sich um ein größeres Stück auf einmal: Dies hat ein schweres Erdbeben zur Folge.

SELTSAMES VERKEHRSCHAOS
Am 17. Januar 1994 kam es in Los Angeles/USA nach einem Beben der Stärke 6,7 zu einer ungewöhnlichen Massenkarambolage: Das unterste Stockwerk eines Hauses stürzte auf parkende Autos. Wer am San-Andreas-Graben wohnt, erlebt fast täglich kleinere Erdstöße, derart schwere Beben aber selten.

BEBEN IN MEXICO CITY
Als ein Beben der Stärke 8,1 am 19. September 1985 Mexico City (Mexiko-Stadt) erschütterte, begannen 15-stöckige Häuser wie Pendel hin und her zu schwingen. Mindestens 9000 Menschen fanden den Tod, meist unter den Trümmern der einstürzenden Gebäude. Die Rettungsarbeiten wurden durch Nachbeben erschwert. Nachbeben folgen auf schwere Beben, wenn das Gestein sich in seine neue Position schiebt, und lassen oft beschädigte Gebäude endgültig einstürzen.

Epizentrum des Bebens

Schmale Farbstreifen um das Epizentrum zeigen größere Landverschiebungen an.

Verwerfungslinie

VERSCHIEBUNGEN
Das Satelliten-Radarbild zeigt Landbewegungen nach einem Erdbeben der Stärke 7,1 in Kalifornien (1999). Die Farbbänder sind Umrisse. Der Abstand zwischen gleichfarbigen Konturen entspricht 10 cm Landverschiebung.

ERDBEBENMELDER
Der chinesische Astronom Zhang Heng erfand im Jahr 132 n.Chr. eine Vorrichtung aus Bronze, die Bewegungen im Boden registriert. Sie zeigt die Richtung an, aus der ein Erdstoß kommt, und funktioniert im Umkreis von 64 km.

Bei einem Erdstoß lässt einer der Drachen seine Kugel fallen.

Die Kugel fällt ins offene Krötenmaul.

Die Kröte, die am weitesten vom Epizentrum entfernt ist, fängt die Kugel. Das Beben liegt in der Gegenrichtung.

Die Schwingungen werden mit einer Tintennadel aufgezeichnet.

Je stärker die Schockwelle, desto weiter die Ausschläge.

VORWARNUNG
Dieser tragbare Seismograph kann Erdstöße registrieren und aufzeichnen. Wissenschaftler beobachten diese Vorbeben und können auf dieser Grundlage Erdbeben vorhersagen.

Schutzmaßnahmen

Nicht die Erdbeben selbst, sondern einstürzende Gebäude töten die meisten Menschen. In freier Natur richten Beben relativ wenig Schaden an, aber in Städten sind die Folgen verheerend. In manchen gefährdeten Zonen wird erdbebensicher gebaut, sodass die Häuser Schwingungen abfangen und nicht einstürzen. Doch bei größeren Beben sind auch solche Gebäude nicht sicher. Im Ernstfall wird ein Notfallplan umgesetzt. Ausgebildete Rettungsteams evakuieren die Gefahrenzone, ziehen Verletzte aus den Trümmern, löschen Feuer, sichern beschädigte Gebäude und reparieren die wichtigsten Versorgungsnetze.

GROSSEINSATZ DER FEUERWEHR
Nach Erdbeben können Schäden an Strom- und Gasleitungen zu Bränden führen. Die Feuerwehr muss sich durch Trümmer und zerstörte Straßen kämpfen, um zum Feuer vorzudringen. In Kobe/Japan brannten viele alte Holzhäuser nieder, als der Feuerwehr das Wasser ausging.

STADT IN TRÜMMERN
Die alte Festung von Arg-é-Bam krönte elf Jahrhunderte lang einen Berg in der iranischen Stadt Bam. Am 27. Dezember 2003 legte ein gewaltiges Erdbeben die Festung und andere historische Gebäude aus dem 16. und 17. Jh. in Trümmer. Rund 30.000 Menschen starben, 70.000 wurden obdachlos.

Die Zitadelle Arg-é-Bam bis 2003

Die Zitadelle Arg-é-Bam 2004

Der Untergrund bebte so stark, dass die Hochstraße zusammenbrach.

JAPAN UNTER SCHOCK
Beim Erdbeben, das am 17. Januar 1995 die japanische Stadt Kobe heimsuchte, knickte die Stützkonstruktion der Autobahn ein, und ganze Fahrbahnabschnitte versanken. Kobe ist zu einem großen Teil auf unsicherem Gelände erbaut. Das Epizentrum des Bebens (Stärke um 7) lag nur 20 km von der Stadt entfernt. Die Schockwellen beschädigten oder vernichteten etwa 140.000 Häuser, und über 5000 Menschen kamen um.

SUCHE NACH ÜBERLEBENDEN
Wenn Menschen unter Trümmern verschüttet werden, muss man sie finden, bevor sie ersticken, verhungern und verdursten oder ihren Verletzungen erliegen. Mit diesem Gerät kann man Verschüttete aufspüren. Es fängt die feinen Schwingungen von Herztönen auf – für die Retter ein Hinweis auf Überlebende.

BEHELFSUNTERKUNFT
Ein Erdbebenopfer wird in einer Notunterkunft medizinisch versorgt. Einen Monat nach dem Beben in Kobe waren etwa 300.000 Menschen in solchen Lagern untergebracht, der Rest musste bei eisigen Temperaturen in Zelten oder Autos kampieren.

DURCHSUCHEN DER TRÜMMER
Suchhunde wittern nicht nur Überlebende, sondern bewegen sich auch mühelos auf unsicherem Gelände. Unter dem Gewicht von Menschen dagegen könnten noch mehr Trümmer auf Verschüttete fallen.

Mächtige Vulkane

Unter der festen Erdkruste liegen Kammern mit Magma, kochend heißem Gesteinsschmelzfluss. Die Magma ist von geringerer Dichte als die darüber liegende Gesteinsschicht, darum steigt sie durch Schwachstellen in der Kruste auf. Die meisten dieser Schwachstellen liegen an den Rändern der tektonischen Platten, ein paar aber auch weit weg von den Plattenrändern, an sog. Hot Spots (sehr heißen Zonen im Erdinnern), etwa auf Hawaii und im Yellowstone-Nationalpark in den USA. Wenn sich die Magma nach oben schiebt, baut sich Druck auf, bis sie die Erdkruste durchbricht und in einem Vulkanausbruch als Lava, vermischt mit Steinen und Asche, an die Oberfläche quillt.

DIE GÖTTIN PELE
Der Legende nach verfügt diese hawaiianische Gottheit über die Kräfte eines Vulkans. Sie erschafft Berge und neue Inseln, bringt Gestein zum Schmelzen und verwüstet Wälder.

SCHLAFENDER VULKAN
Japans berühmter Vulkan Fudschijama brach zuletzt im Jahr 1707 aus. Schlafende oder ruhende Vulkane können irgendwann erneut ausbrechen, aktive brechen ständig aus bzw. ruhen ein paar Jahre zwischen den Ausbrüchen. Vulkane, die seit Jahrtausenden schlafen, bezeichnet man als erloschen – obwohl man nie sicher sein kann, ob sie vielleicht doch wieder ausbrechen.

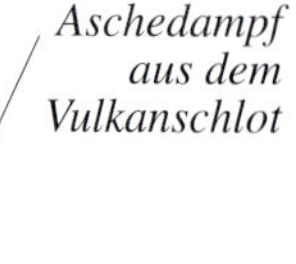

Aschedampf aus dem Vulkanschlot

EINE INSEL WIRD GEBOREN
Die meisten Vulkanausbrüche sind untermeerisch. 1963 fand unweit der isländischen Küste eine Eruption mit ungewöhnlichen Folgen statt. Das Meer begann zu dampfen, während Wasser in den Vulkanschlot floss und zu kochen anfing. Während der folgenden dreieinhalb Jahre häuften sich Lava und Asche aus dem Vulkan auf und bildeten schließlich die neue 2,5 km² große Insel Surtsey.

FEUERSTROM
Wenn die Magma dünnflüssig ist und nicht viel Gas enthält, quillt oder spritzt sie als heißer Lavastrom aus dem Vulkan, wie diese Pahoehoe-Lava auf Hawaii. Ist die Magma dickflüssig und klebrig, enthält sie Gase wie Kohlendioxid und viel Dampf. Diese Art Magma bricht in einer gewaltigen Explosion von Lavakügelchen (sog. Lapilli) und Glutasche aus dem Vulkan.

Geschmolzene Lava setzt Bäume in Brand.

Risse und Wülste bilden sich an der Lavaoberfläche, wenn sie hart wird.

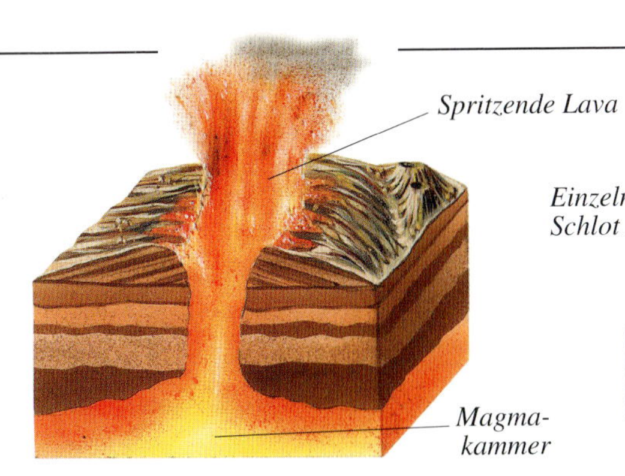

SCHILDVULKAN
Flüssige Lava entweicht als Fontäne oder Strom aus dem Vulkanschlot und breitet sich über eine weite Fläche aus. Weitere Eruptionen bilden einen massiven Berg mit sanften Flanken. Ein typischer Schildvulkan ist der Mauna Kea auf Hawaii.

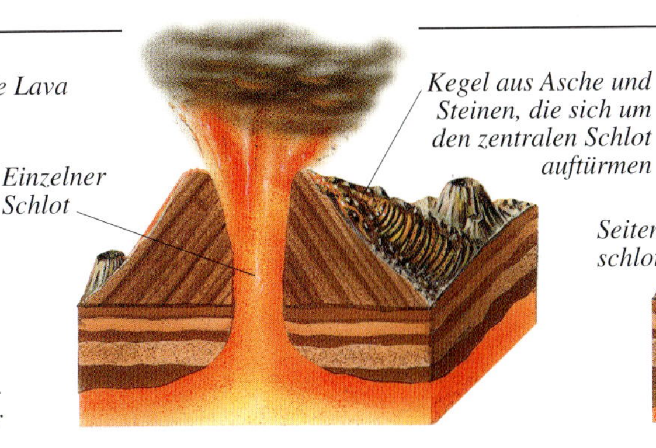

SCHLACKENVULKAN
Diese Vulkane haben meist nur einen Schlot. Sie werfen Asche und Gesteinsbrocken aus, die ringförmig niedergehen. Die eher steile Kegelform bilden Steine und Felsbrocken von vielen Ausbrüchen. Schlackenvulkane wie der mexikanische Paricutín werden selten höher als 300 m.

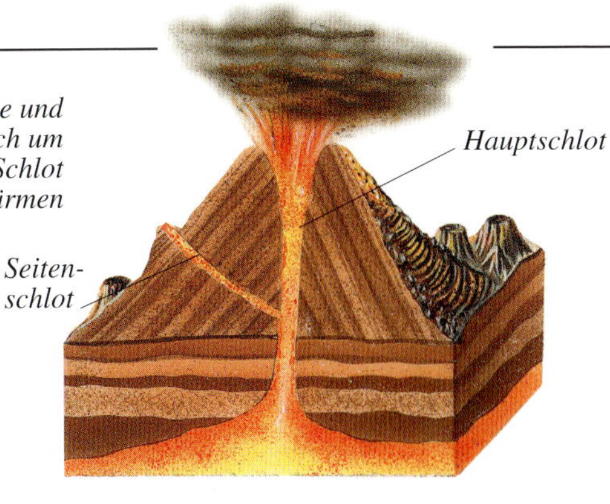

SCHICHTVULKAN
Seine Lava ist dick und klebrig und kühlt rasch ab. Dabei formt sie einen steilen symmetrischen Berg. Schichtvulkane speien abwechselnd Lava und Steine mit Asche aus, wobei sich Schichten ablagern. Schichtvulkane können bis zu 2500 m hoch werden und sind kegel- oder kuppelförmig.

TEMPERATUR MESSEN
Vulkanologen (Vulkanforscher) können herausfinden, was unter der Erdoberfläche vorgeht, indem sie die Bodentemperatur um Vulkanschlote messen. Aktive Vulkane müssen ständig überwacht werden, damit man vor einem eventuellen Ausbruch warnen kann. Ein Anstieg der Bodentemperatur deutet oft auf einen bevorstehenden Ausbruch hin.

PROBIEREN UND STUDIEREN
Nach Ausbrüchen sammeln Vulkanologen in Hitzeschutzanzügen frische Lavaproben. Sie müssen schnell arbeiten, da es zu neuerlichen Eruptionen kommen kann. Lavaproben geben Aufschluss über Veränderungen im Verhalten eines Vulkans. Das Gasgemisch in der Lava wird daraufhin analysiert, ob es explosiver geworden ist.

Feurige Ströme

Die Gewalt eines Vulkanausbruchs bietet einen schrecklichen und zugleich faszinierenden Anblick. Der enorme Druck schleudert Lava, Asche, Steinbrocken und enorm heiße Gase aus dem Schlot. Zum Glück kann man heute die meisten Ausbrüche vorhersagen und die Anwohner aus der Gefahrenzone evakuieren. Nach dem Ausbruch kehren sie meist zurück, um das Land um den Vulkan zu bestellen, das nun mit mineralreicher Vulkanasche gedüngt ist. Eine große Eruption kann sich übrigens nicht nur auf die unmittelbare Umgebung, sondern auf das Wetter der ganzen Welt auswirken.

Vulkanasche-Plume

MOUNT SAINT HELENS
Als der Mount Saint Helens in Washington/USA am 18. Mai 1980 ausbrach, schleuderte er eine Wolke aus Gas, Asche und Bims über 24 km hoch in die Atmosphäre. Dabei wurden ganze 400 m vom Berggipfel abgesprengt. Die Wolke breitete sich über 50.000 km² aus und gefährdete den Flugverkehr.

Entwurzelte, verbrannte Fichten

NACH DEM GROSSEN KNALL
Der Ausbruch des Mount Saint Helens machte 600 km² Land dem Erdboden gleich und löschte alles Leben im Umkreis aus. Experten zufolge dauert es rund 200 Jahre, bis das Waldgebiet sich wieder vollständig erholt hat.

NEUES LEBEN
Nach einem Vulkanausbruch gedeihen als erste Pflanzen auf erstarrter Lava Moose, Flechten und kleine Wildkräuter. Es kann Jahrzehnte dauern, bis Vulkangestein zu fruchtbarer Erde zerfällt. Dann schlagen auch größere Pflanzen Wurzeln.

FEUERWERK
Der Ätna auf Sizilien brach 2001 mit einem gewaltigen Knall aus. Mit rund 3390 m Höhe zählt er zu Europas höchsten Bergen, und er ist der aktivste Vulkan. Meist bricht er in einer Reihe von Explosionen aus, wie bei einem Feuerwerk. Die Einheimischen versuchen, die Lavaströme (die Straßen, Häuser und Ackerland verwüsten) mit Betondämmen, Gräben und sogar Sprengstoff umzuleiten – allerdings mit mäßigem Erfolg.

GLUTLAWINEN
Nach 600 Jahren im Ruhezustand brach der Pinatubo auf den Philippinen am 15. Juni 1991 erneut aus: Eine Eruptionssäule aus Gesteinsbrocken und Asche schoss 40 km hoch in die Atmosphäre. Als sie in sich zusammenfiel, bewegte sich eine tödliche Mischung aus heißem Gas und Schutt, pyroklastischer Strom genannt, mit 160 km/h vorwärts. Der Dunst zog um die ganze Erde.

TÖDLICHER STAUB
Als der Pinatubo mit einer stickigen Wolke die Luft verpestete und Asche auf die Äcker regnen ließ, suchten die Bauern mit ihrem Vieh nach nicht betroffenen Gebieten. Viele bekamen vom Einatmen der Asche Lungenentzündung; zudem gingen ganze Ernten verloren.

PANIK IN POMPEJI
Die blühende altrömische Stadt Pompeji lag im Schatten des Vesuv. Der Vulkan hatte jahrhundertelang geschlummert und überraschte die Einwohner am 24. August des Jahres 79 n.Chr. mit einem Ausbruch. Das Bild zeigt den pyroklastischen Strom, der die Stadt unter sich begraben wird.

Erkaltete Asche konservierte die Körperformen.

TODESFALLE
Vielen Einwohnern gelang die Flucht aus Pompeji, aber über 2000 kamen um. Sie erstickten in dem pyroklastischen Strom, der sich durch die Straßen wälzte, und wurden samt ihrer Stadt 30 m tief unter Asche begraben. Erst 1860 begann man mit Ausgrabungen.

Flüssige Lava wälzt sich herab.

Erdrutsche und Lawinen

Bernhardiner

Es gibt Naturkatastrophen, die überall dort auftreten können, wo steile Berge stehen. Wenn die Schwerkraft stärker ist als die Kräfte, die den Hang zusammenhalten, kann ein Teil davon, vor allem lockeres Material, abrutschen. An felsigen oder lehmigen Hängen können lockere Steine und Erde einen Erdrutsch auslösen. Von Schneehängen kann sich eine Lawine lösen und Menschen und Häuser unter sich begraben. Dann tut schnelle Rettung not: Suchmannschaften mit Hunden rücken aus.

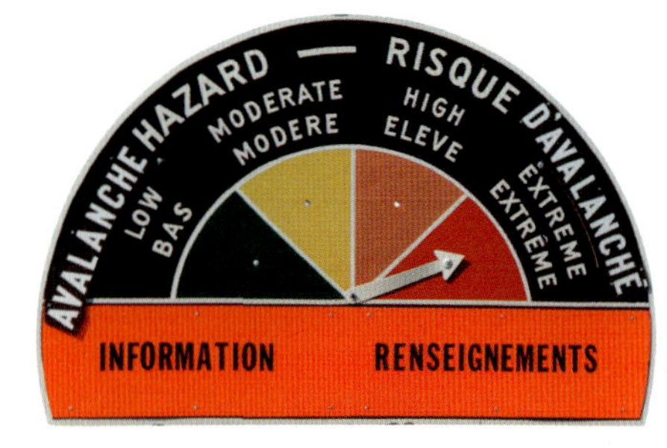

LAWINENWARNSCHILD
In Skiurlaubsorten, z. B. in den Alpen oder den Rocky Mountains/USA und Kanada, warnen Schilder vor Lawinengefahr. Es ist zwar schwierig vorherzusagen, wann und wo eine Lawine ins Tal gehen wird, aber Experten können durchaus feststellen, ob Schneeschichten so locker sind, dass Gefahr besteht.

HILFE IN DER NOT
Lawinenopfer im Gebirge werden meist per Hubschrauber gerettet. Man lässt eine Winde hinab und zieht die Verletzten auf Tragen hoch. Der Pilot muss dabei sehr vorsichtig sein, denn Lärm und Luftverdrängung des Hubschraubers könnten eine weitere Lawine auslösen.

LAWINENGEFAHR
Lawinen entstehen durch lockere Schneeüberhänge oder bei Tauwetter. Ein Erdstoß oder ein lautes Geräusch können sie auslösen. Während sie bergab gleiten, lockern sie noch mehr Schnee und reißen Steinbrocken und Erde mit. Die Bahn einer Lawine kann 800 m breit sein. Wer unter eine Lawine begraben wird, hat eine 5 %ige Überlebenschance.

VORBEUGUNG
Zäune an den Hängen können herabstürzenden Schnee bremsen, bevor er zur Lawine wird. Manchmal löst man mit Sprengstoff kontrolliert kleinere Lawinen aus, um größere zu verhindern.

DER BODEN RUTSCHT ...
Es gibt vier Formen von Rutschungen: das langsame Bodengekriech, verursacht durch winzige Verschiebungen der Bodenpartikel; die schnellere Blockrutschung, wenn Felsplatten einen Hang hinabgleiten; den Schlammstrom, wenn von einem mit Wasser vollgesogenen Hang nasse Erd- und Steinmasse rutscht; den Steinschlag, wenn nach starken Regenfällen oder Frost plötzlich große Felsbrocken verrutschen.
Mit Wasser vollgesogener Hang
Lockergestein
Steinschlag
Schlammstrom
Blockrutschung
Bodengekriech
Teil des Hotels, zerstört durch Erdrutsch
ABSTURZ
An der Küste zu bauen kann gefährlich sein. 1993 sog sich der Lehmhang unter diesem englischen Hotel mit Wasser voll und riss beim Sturz ins Meer einen Teil des Gebäudes mit. Selbst massive Steinklippen können durch heftige Regenböen und Wellen ausgehöhlt werden, bis die Klippenspitze gefährlich überhängt.
STEINIGER WEG
Im August 1983 stürzte ein 6 m hoher Granitblock von einem Berg im Yosemite-Nationalpark in Kalifornien/USA auf die Fahrbahn. Steinschläge sind oft die Folge, wenn Straßen ohne richtige Absicherung in den Berg oder an zu steile Hänge gebaut werden.
Ein Erdrutschopfer wird geborgen.
UNTER SCHUTT BEGRABEN
Ein Erdbeben der Stärke 7,6 auf der Richterskala traf San Salvador am 13. Januar 2001. Es löste einen mächtigen Schlammstrom in der Gegend um Santa Tecla aus. Erde und Steine sausten in die Tiefe und begruben alles unter sich. Häuser wurden plattgewalzt, und 63 Menschen kamen ums Leben.

Die Erdatmosphäre

Unsere Atmosphäre besteht aus einem Gasgemisch (hauptsächlich Stickstoff und Sauerstoff), das vom Schwerefeld der Erde festgehalten wird. Luftmassen von jeweils etwa gleichförmiger Temperatur und Feuchtigkeit bewegen sich in der Atmosphäre. Ihr Zusammenspiel schafft alle Bedingungen, die das Wetter ausmachen – vom strahlend blauen Himmel bis zum Orkan und Wolkenbruch. Das Wettermuster im Lauf der Zeit in einem bestimmten größeren Gebiet nennt man Klima. In manchen Teilen der Welt sind extreme Wetterlagen an der Tagesordnung; in den gemäßigten Klimazonen dagegen können Unwetter die Menschen völlig unvorbereitet treffen.

SCHICHTEN DER ATMOSPHÄRE
Die Atmosphäre besteht aus Schichten von unterschiedlicher Temperatur und Feuchtigkeit. Am dicksten ist die äußerste, die Thermosphäre; sie reicht weit ins All. Die unterste Schicht, die Troposphäre, enthält dank des Wirkens der Schwerkraft das meiste Wasser und die meiste Luft. Von außen gelangen Sonnenstrahlen in die Atmosphäre und erwärmen Luft und Wasserdampf, die daraufhin zirkulieren. Diese Bewegungen machen unser Wetter aus.

GEWITTERWOLKEN IN DER ATMOSPHÄRE
Vom All aus wirkt die Atmosphäre wie ein heller Dunst um den Planeten. Über der Erdoberfläche in der Troposphäre zeichnen sich Gewitterwolken gegen den Sonnenuntergang ab. Die blaue Farbe des Himmels kommt zustande, weil das Sonnenlicht von Stickstoff-, Sauerstoff- und Wasserstoffmolekülen in der Luft gestreut wird. Die Schichten im blauen Himmelsbereich auf diesem Bild entstanden durch Vulkanasche aus Eruptionen des Pinatubo auf den Philippinen und des Mount Spurr in Alaska/USA.

WOLKENTÜRME
Wolken bilden sich in der untersten Schicht der Atmosphäre (der Troposphäre). Sturmwolken können Höhen bis 24 km erreichen und bis in die Stratosphäre reichen. Die größten enthalten 275.000 t Wasser und bringen Gewitter, Hagelschauer, Regenfluten, Schnee oder Tornados.

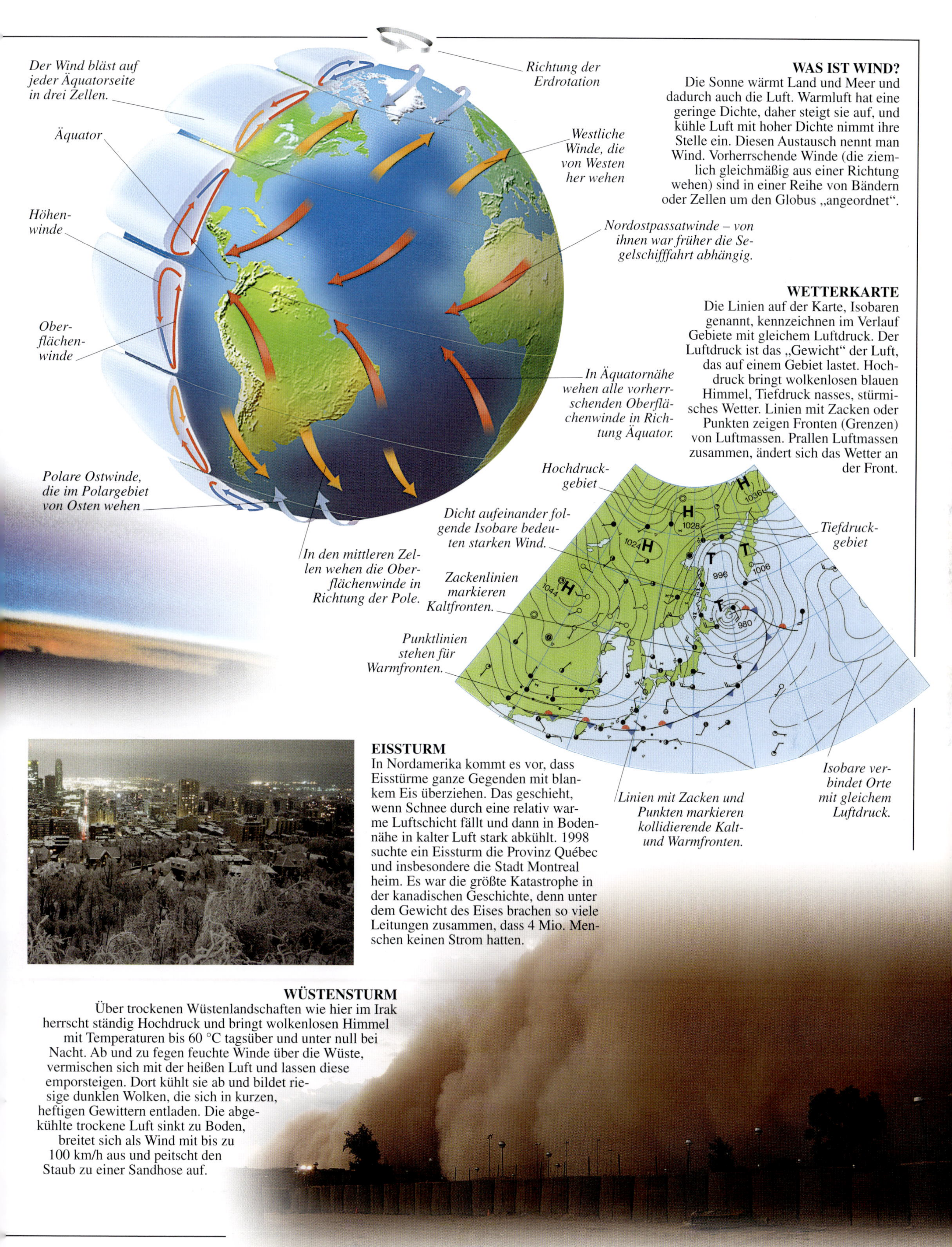

WAS IST WIND?

Die Sonne wärmt Land und Meer und dadurch auch die Luft. Warmluft hat eine geringe Dichte, daher steigt sie auf, und kühle Luft mit hoher Dichte nimmt ihre Stelle ein. Diesen Austausch nennt man Wind. Vorherrschende Winde (die ziemlich gleichmäßig aus einer Richtung wehen) sind in einer Reihe von Bändern oder Zellen um den Globus „angeordnet".

WETTERKARTE

Die Linien auf der Karte, Isobaren genannt, kennzeichnen im Verlauf Gebiete mit gleichem Luftdruck. Der Luftdruck ist das „Gewicht" der Luft, das auf einem Gebiet lastet. Hochdruck bringt wolkenlosen blauen Himmel, Tiefdruck nasses, stürmisches Wetter. Linien mit Zacken oder Punkten zeigen Fronten (Grenzen) von Luftmassen. Prallen Luftmassen zusammen, ändert sich das Wetter an der Front.

EISSTURM

In Nordamerika kommt es vor, dass Eisstürme ganze Gegenden mit blankem Eis überziehen. Das geschieht, wenn Schnee durch eine relativ warme Luftschicht fällt und dann in Bodennähe in kalter Luft stark abkühlt. 1998 suchte ein Eissturm die Provinz Québec und insbesondere die Stadt Montreal heim. Es war die größte Katastrophe in der kanadischen Geschichte, denn unter dem Gewicht des Eises brachen so viele Leitungen zusammen, dass 4 Mio. Menschen keinen Strom hatten.

WÜSTENSTURM

Über trockenen Wüstenlandschaften wie hier im Irak herrscht ständig Hochdruck und bringt wolkenlosen Himmel mit Temperaturen bis 60 °C tagsüber und unter null bei Nacht. Ab und zu fegen feuchte Winde über die Wüste, vermischen sich mit der heißen Luft und lassen diese emporsteigen. Dort kühlt sie ab und bildet riesige dunklen Wolken, die sich in kurzen, heftigen Gewittern entladen. Die abgekühlte trockene Luft sinkt zu Boden, breitet sich als Wind mit bis zu 100 km/h aus und peitscht den Staub zu einer Sandhose auf.

Gewitter

Weltweit erhellen ständig um die 2000 Gewitter den Himmel mit gigantischen elektrischen Entladungen – Blitzen. Um den sog. Blitzkanal wird die Luft bis zu 30.000 °C heiß – das entspricht dem Fünffachen der Oberflächentemperatur der Sonne. Die meisten Unwetter gibt es im Sommer, wenn Warmluft aufsteigt und Gewitterwolken bildet. Gewitter gehen oft mit Regenfällen oder Hagel einher. Meteorologen verfolgen den Verlauf von Gewittern mittels Informationen von Satelliten, Bodenstationen und speziellen Wetterflugzeugen, die in die Gewitter hineinfliegen.

ABGEBLITZT
Wie alle hohen Gebäude wird auch der Eiffelturm in Paris durch Blitzableiter geschützt. Letztere sind Leiter, die die gefährliche elektrische Ladung des Blitzes in den Boden führen. Dort entlädt sie sich, ohne Schaden anzurichten.

BLITZ UND DONNER
In Gewitterwolken steigen und fallen Wassertröpfchen und Eiskristalle und bauen eine massive statische elektrische Ladung auf. Diese schickt Linienblitze (mit der typischen Zickzackform) in den Boden oder erzeugt Wetterleuchten in den Wolken. Die Luft in unmittelbarer Nähe erhitzt sich und dehnt sich aus. Dabei entstehen Schockwellen, die man als Donner hört.

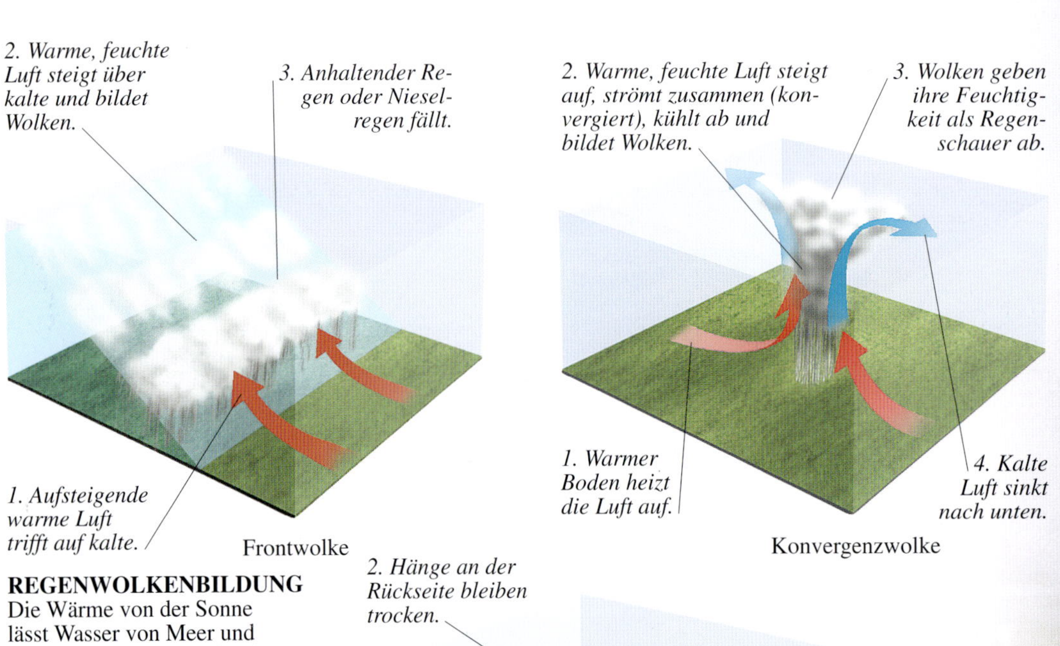

Frontwolke

Konvergenzwolke

REGENWOLKENBILDUNG
Die Wärme von der Sonne lässt Wasser von Meer und Land verdunsten. Die feuchte, warme Luft steigt auf und kühlt ab. Dabei verdichtet sich der Wasserdampf zu Wolken. Die Wassertröpfchen in der Wolke verbinden sich und werden schwerer. Schließlich entleert sich die Wolke in Form von Regen, Hagel oder Schnee. Feuchte Warmluft steigt schnell auf und erzeugt Gewitter, wenn eine Luftmasse eine andere überlagert, wenn Luft konvergiert oder die zirkulierende Luft an Bergen emporsteigt.

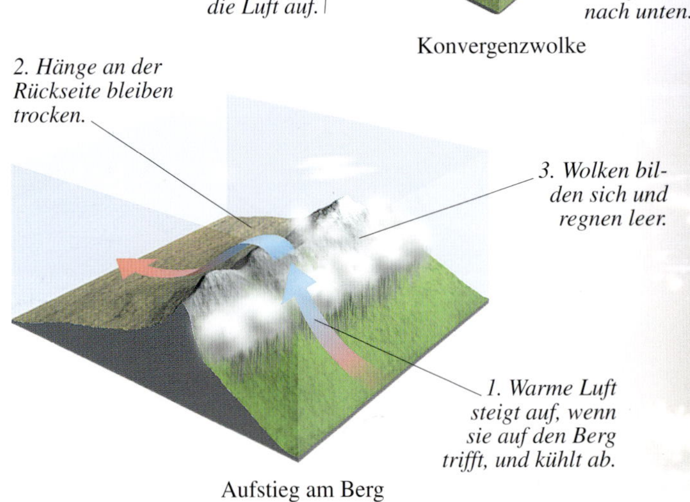

Aufstieg am Berg

FLUG INS GEWITTER

Flugzeuge vom Typ WC-130 Hercules überwachen das Wetter in den USA, ähnliche auf der ganzen Welt. Wird ein schweres Unwetter erwartet, fliegen sie in das Gewitter oder den Sturm und analysieren dort Luftgeschwindigkeit, -stärke und -richtung. Wetterkundler (Meteorologen) können dann vorhersagen, welche Gebiete besonders stark betroffen sein werden.

Radargerät im Bug des Flugzeugs

Die Röhren zeigen die Zickzackverzweigung des Blitzes.

BLITZKUNST

Dieses bizarre Gebilde aus erhärtetem Sand entstand durch einen Blitz. Wenn ein Blitz in Sand schlägt, werden die Körnchen bis zum Schmelzpunkt aufgeheizt und zu einem Röhrengebilde (Fulgurit genannt) zusammengeschmolzen. Die intensive Hitze von Blitzen kann Bäume und Holzbauten spontan in Brand setzen.

Gewitterwolken über Gillette, Wyoming/USA

DUNKLE WOLKEN UND HAGEL

Nicht nur die Petersilie wird bei so riesigen Hagelkörnern verhagelt, es entstehen auch schwere Sachschäden, und Straßen verwandeln sich in Eisbahnen. Hagelkörner bilden sich, wenn sich Regentropfen in der sehr kalten Luft innerhalb dunkler Gewitterwolken mit Eisschichten überziehen.

Riesenhagelkorn

Baseball

Hurrikane

Seesturm

Im Spätsommer können über den warmen tropischen Meeren beiderseits des Äquators gewaltige Wirbelstürme heraufziehen und Geschwindigkeiten über 120 km/h erreichen. Man nennt sie Hurrikane, wenn sie über dem Atlantik entstehen, Zyklone im Indischen Ozean und Taifune im Pazifik. Manche erreichen Durchmesser von 500 bis 800 km. Sie rasen über tausende von Kilometern vom Meer ins Binnenland und ziehen eine Spur der Verwüstung; sie schleudern Boote und Häuser durch die Luft, entwurzeln Bäume und gehen mit sintflutartigen Regenfällen und Flutwellen einher, die zu Überschwemmungen führen.

VOM WINDE VERWEHT
Ständiger scharfer Seewind verbog diesen Baum in eine Richtung. Auf dem Meer blasen die Winde sehr viel stärker als an Land, weil dort keine Hindernisse ihr Tempo drosseln. Stürmische Winde vom Meer verlieren an Land allmählich an Kraft.

EIN HURRIKAN ZIEHT AUF
Das Satellitenbild unten (September 2004) zeigt spiralförmige Wolken, die als Hurrikan Ivan über die Kaiman-Inseln im Atlantik ziehen. Ein Hurrikan entsteht bei über 27 °C Meerestemperatur und Windgeschwindigkeiten von über 118 km/h. Er kann täglich bis zu 2 Mrd. Tonnen Wasser aus dem Meer aufnehmen und über Land als Wolkenbruch abregnen lassen.

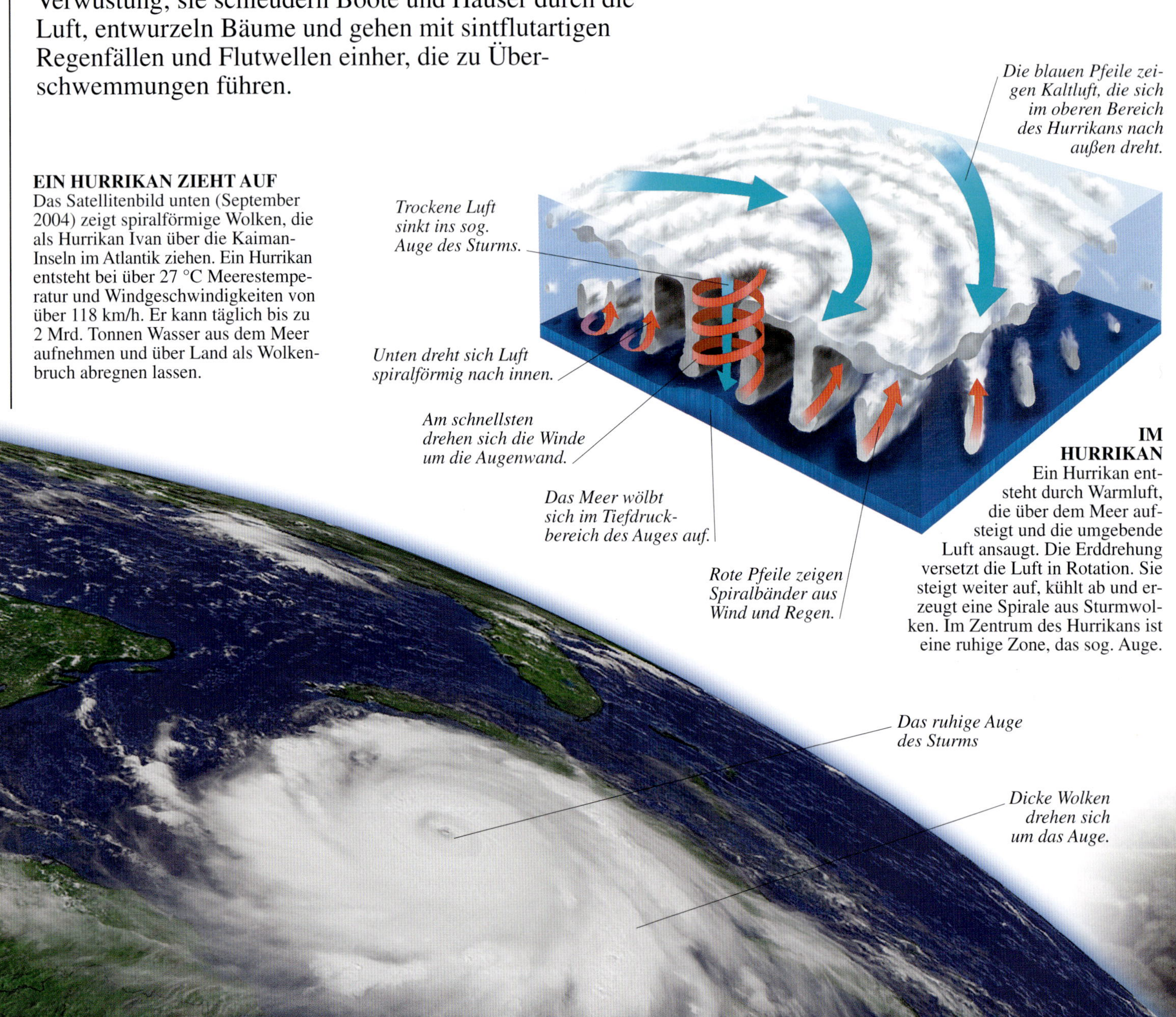

IM HURRIKAN
Ein Hurrikan entsteht durch Warmluft, die über dem Meer aufsteigt und die umgebende Luft ansaugt. Die Erddrehung versetzt die Luft in Rotation. Sie steigt weiter auf, kühlt ab und erzeugt eine Spirale aus Sturmwolken. Im Zentrum des Hurrikans ist eine ruhige Zone, das sog. Auge.

EL NIÑO

Alle drei bis sieben Jahre zwingt das Wetterphänomen El Niño Winde über dem Pazifik, die Richtung zu ändern. Das kolorierte Satellitenbild links zeigt den Unterschied zwischen den normalen Meerestemperaturen weltweit und jenen, die beim El Niño von 1997 herrschten. Die Winde drücken warmes Wasser in Richtung Südamerika und bringen Hurrikane und andere tropische Stürme, während Länder westlich des Ozeans (also in Südostasien) unter Dürre leiden können.

Rot = weit über normale Meerestemperaturen

Violett = weit unter normale Meerestemperaturen

IM AUGE DES STURMS

Der Hurrikan Fran sucht eine Tankstelle in Nordkarolina/USA heim (1996). Dem stärksten Wind und heftigsten Regen folgt eine ruhige Phase, in der sich der Sturm scheinbar gelegt hat; die Luft klärt sich auf, wenn das Auge des Sturms vorüberzieht. Kurz darauf aber tobt der Sturm wieder mit neu entfachter Wut.

WARNUNGEN

Warnflaggen kündigen Anwohnern und Schiffsbesatzungen an, dass ein Hurrikan sich der Küste nähert. Auch per Rundfunk, Fernsehen und Internet gibt es aktuelle Warnmeldungen. Schutz bieten Backstein- oder Betongebäude, in denen man sich am besten weit weg von den Fenstern aufhält.

WIND UND WELLEN

Der Hurrikan Georges trieb 1998 Riesenwellen an die Küste von Florida/USA. Als das Auge über die Küste zog, brachte es eine Wasserwand mit sich. Solche Sturmfluten werden bis zu 3 m hoch. Sie kommen durch den niedrigen Luftdruck im Auge des Sturms zustande.

Palmen biegen sich bei Hurrikan, brechen aber selten.

3. Andrew über dem Golf von Mexiko, 25. August

1. Hurrikan Andrew über dem Meer, 23. August 1992

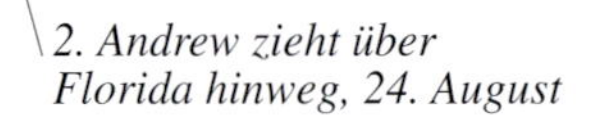

2. Andrew zieht über Florida hinweg, 24. August

Windgewalten

Jedes Jahr suchen ca. 90 Hurrikane die Küsten der Erde heim. Um die Entwicklung eines Hurrikans vorherzusagen, müssen Wetterkundler dessen Luftdruck und Geschwindigkeit messen. Satelliten können Hurrikane bei ihrer Entstehung beobachten, am besten aber lassen sich der genaue Druck und die Windgeschwindigkeit messen, wenn man Flugzeuge, sog. Hurrikanjäger, in den Sturm hineinschickt. Aber selbst mit umfassenden Informationen kann die Hurrikan-Vorhersage schwierig sein. Wenn der Sturm über Land fegt, verliert er allmählich an Stärke, gelangt er aber wieder aufs Meer, kann die Wärme des Wassers ihn erneut beschleunigen.

HURRIKANJÄGER
Während eines Flugs durch den Hurrikan Floyd von 1999 zeichneten Forschungsflugzeuge Windgeschwindigkeiten, Feuchtigkeitsgehalt sowie den Druck im Innern auf. Die Daten wurden an eine Wetterstation gesendet, wo ein Computer sie analysierte, um Floyds Bahn vorherzusagen. Vorhersagen sind immer Schätzungen, denn Hurrikane können plötzlich die Richtung ändern.

Dieses Infrarot-Satellitenbild vom Hurrikan Floyd half den Hurrikanjägern bei der Bestimmung ihrer Flugbahn.

GEKENTERTE JACHTEN
Einer der schwersten Stürme in der amerikanischen Geschichte, der Hurrikan Andrew, tobte im August 1992 durch Florida. Eine über 5 m hohe Flutwelle warf die Jachten im Hafen von Key Biscayne auf einen Haufen. Der Sturm schwächte sich im weiteren Verlauf ab, aber über dem warmen Wasser des Golfs von Mexiko legte er wieder an Kraft zu.

HURRIKAN ANDREW
Diese Satellitenbildsequenz zeigt die Bahn des Hurrikans Andrew von Osten nach Westen an drei Tagen im August 1992. Über Florida wurden Windgeschwindigkeiten von 228, teils 320 km/h gemessen, bevor die Gewalt des Sturms die Messgeräte zerstörte. Andrew tötete 26 Menschen, zog aber an der Stadt Miami vorbei, wo er noch weit mehr Opfer gefordert hätte.

Holzhäuser – leichte „Beute“ für einen Hurrikan

DER ZYKLON TRACY
Am Weihnachtsmorgen 1974 suchte der Zyklon Tracy die nordaustralische Stadt Darwin heim. Winde mit bis zu 217 km/h Geschwindigkeit töteten 65 Menschen, und von den Besatzungen von 22 Fischkuttern ertranken 16 Mann. Die Stadt Darwin war so stark zerstört, dass man sie fast völlig neu aufbauen musste.

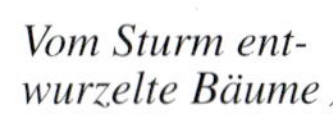

Vom Sturm entwurzelte Bäume

DER GROSSE STURM VON 1987
In einer Oktobernacht des Jahres 1987 fegte ein unerwartet heftiger Sturm über Südengland hinweg. Über dem Atlantik hatte er sich mit warmen Winden aus dem Schweif eines Hurrikans vermischt, daher erreichten einige der Sturmböen 200 km/h. Der Sturm knickte 15 Mio. Bäume um und richtete große Schäden an Häusern an.

Die Wellen haben ein Hausboot umgerissen.

GEORGES TOBT
Diese Männer halten sich aneinander fest, um nicht vom Hurrikan weggeweht zu werden, der mit 144 km/h über Florida fegt. Davor hatte er schon in der Karibik gewütet, ca. 600 Todesopfer gefordert und den größten Teil der Ernte vernichtet.

Hurrikan Katrina

Der Hurrikan Katrina, der im August 2005 im Südosten der USA zuschlug, zählt zu den bisher schlimmsten Naturkatastrophen in der amerikanischen Geschichte. Über 1000 Menschen kamen dabei um, etwa 1 Million wurden obdachlos, und 5 Millionen waren ohne Strom. Die Straßen der Altstadt von New Orleans standen metertief unter Wasser. Die Bewohner mussten in Notaufnahmelagern oder bei Verwandten und Freunden anderswo im Land Unterschlupf suchen. Viele wollten nie wieder an den Ort des Schreckens zurückkehren.

SO NAHM DAS UNHEIL SEINEN LAUF ...
Der Hurrikan Katrina zog zwischen dem 23. und 31. August 2005 von den Bahamas über Südflorida, Lousiana und Mississippi hinweg bis nach Alabama. Der Sturm erreichte 280 km/h, teilweise noch höhere Geschwindigkeiten. Katrina löste eine Flutwelle aus, die über einen 320 km langen Küstenstreifen hereinbrach. Schließlich verlangsamte sich sein Tempo im Binnenland bei Jackson/Mississippi.

STURMFLUT
Als das Auge des Sturms die Küste des Bundesstaats Mississippi erreichte, erzeugte es eine gut 10 m hohe Flutwelle. In Long Beach riss er diese Autos und Trümmer mit sich und türmte daraus einen Schrotthaufen auf.

Die wertvolle Tuba musste unbedingt mit.

VERTRIEBEN
Am 28. August nahm der Hurrikan Katrina Kurs auf New Orleans. Viele Bewohner konnten die Stadt nicht rechtzeitig verlassen und suchten in einem großen Stadion Zuflucht. Es wurde vom Sturm schwer beschädigt und später vom Wasser eingeschlossen, sodass die Menschen evakuiert werden mussten.

STADT UNTER WASSER
Unter dem Druck der Flut brachen drei Deiche, die New Orleans vor Hochwasser schützen sollten. Am 30. August, einen Tag nachdem Katrina zugeschlagen hatte, lagen 80 % von New Orleans unter Wasser, manche Viertel bis zu 6 m tief. Es dauerte Wochen, bis die Deiche repariert waren und das Wasser abgepumpt werden konnte.

ZERBROCHENE SCHEIBEN
Gardinen wehten aus zerbrochenen Hotelfenstern, und sogar Betten wurden herausgeschleudert. Moderne Beton- und Stahlgebäude wie dieses Hotel hielten dem Hurrikan stand; viele der berühmten Holzbauten dagegen, besonders jene im historischen „French Quarter“ von New Orleans, wurden völlig zerstört. Nach der Katastrophe wurde eine Kommission eingesetzt, die beim Wiederaufbau beraten und dabei Meinungen und Wünsche der Bürger von New Orleans berücksichtigen soll.

RETTUNGSBOOTE
Viele Bewohner befanden sich noch in New Orleans, als der Hurrikan zuschlug. Sie versammelten sich in Notaufnahmelagern und warteten auf Rettung. Nach dem Sturm kamen Retter in Booten und suchten von Haus zu Haus nach Überlebenden.

Das Auge des Sturms

Starke Winde um die Augenwand

Ein einziges Auto fährt in die Stadt, die anderen wollen hinaus.

AUF DER FLUCHT VOR RITA
Nur drei Wochen nach Katrina veranlassten Warnungen vor dem Hurrikan Rita die Einwohner von Houston in Texas/USA zum Verlassen ihrer Stadt. Bei Massenevakuierungen besteht ein erhöhtes Unfallrisiko auf den verstopften Straßen, denn die Flüchtenden verlieren leicht die Nerven. Zum Glück war Rita harmloser als Katrina.

Wirbelstürme

Die heftigsten Winde auf der Erde, die Tornados, rasen mit einem Durchschnittstempo von 200 km/h über Land. Sie können so große Objekte wie Züge durch die Luft und zu Boden schleudern, Dächer abreißen, Möbel und Hausrat aus Zimmern fegen und weit entfernt wieder fallen lassen. Es ist sogar schon vorgekommen, dass sie Menschen die Kleider vom Leib zerrten. Tornados haben mittlerweile schon jeden Bundesstaat der USA heimgesucht, am schlimmsten aber wüten sie in den Prärien des amerikanischen Mittelwestens. Dort dauert die Wirbelsturmsaison normalerweise von Mai bis Oktober.

FLIEGENDE FISCHE
Wenn Tornados übers Wasser fegen, saugen sie Fische und Frösche empor und lassen sie über Land fallen.

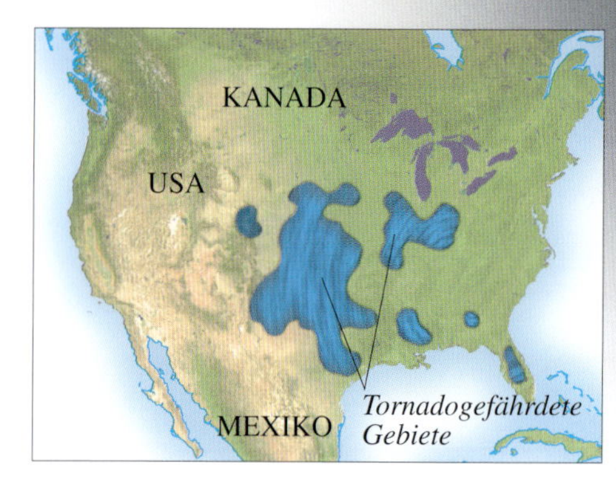

TORNADO-RENNSTRECKE
Im mittleren Westen der USA gibt es ein Gebiet, in dem Tornados besonders häufig auftreten. Es erstreckt sich über Teile von Kansas, Oklahoma und Missouri und umfasst die sog. Großen Ebenen. Im Sommer zieht kalte Luft aus Kanada unter feuchte Warmluft aus dem Golf von Mexiko und heiße, trockene Luft aus der Prärie – das sorgt für eine instabile Wetterlage. 80 % aller Tornados entstehen in diesem Tornado-Korridor.

STURMWOLKEN
Wenn eine riesige dunkle Sturmwolke, eine sog. Superzelle, den Himmel bedeckt, kann ein Tornado im Anzug sein. Starke Winde, die sich innerhalb der Wolke in verschiedene Richtungen bewegen, erzeugen darunter ein Gebiet mit tiefem Luftdruck. Feuchte Warmluft strömt in den Aufwind und stößt weiter oben auf Kaltluft. Die beiden Luftmassen drehen sich umeinander und bilden eine breite Luftsäule, einen Mesozyklon.

1 EIN TRICHTER ENTSTEHT
Die ersten Anzeichen eines Mesozyklons sind vom Boden aufgewirbelter Staub und ein Wasserdampftrichter unten an der Wolke. Feuchte Warmluft von unten wird angesaugt, schraubt sich nach oben und nimmt Staub mit.

2 EINE SÄULE BILDET SICH
Warmluft steigt auf, kühlt ab und bildet Wasserdampf, der den Trichter verlängert. Wenn er den Boden berührt, wird er zum Tornado. Man erkennt den Trichter (Rüssel) umso deutlicher, je mehr Staub er aufsaugt und je mehr Wasserdampf entsteht.

3 DER TORNADO KLINGT AB
Der Tornado dreht sich langsamer, wenn keine feuchte Warmluft mehr im unteren Bereich ist oder kühle, trockene Luft unten aus der Wolke entweicht. Tornados können wenige Sekunden bis zu einer Stunde oder länger dauern; meist etwa drei Minuten.

SCHRECKLICHER WIRBELWIND
Im Innern der Tornadosäule, dem Rüssel, dreht sich die Luft sehr schnell (mit bis zu 500 km/h) nach innen und erzeugt einen starken Wirbel. Der Druck im Wirbel ist so niedrig, dass der Wind wie ein Staubsauger alles unter sich aufsaugt. Tornados bewegen sich selten weiter als 10 km, dann lässt ihre Kraft nach. Allerdings kann ein Wirbelwind einen weiteren auslösen, was zu einer Tornadoserie führt.

STAUBTEUFEL
Wenn in Wüstenregionen heiße Luft aufsteigt, kann sie einen kleinen Wirbelwind, einen sog. Staubteufel, erzeugen. Die Säule aus wirbelndem Staub und Sand wird bis zu 2 km hoch. Staubteufel sind schwächer als Tornados; ihre Windgeschwindigkeiten betragen um die 100 km/h.

Je enger der Rüssel, desto höher die Windgeschwindigkeit

HÖHERE GEWALT
Nach einem Tornado findet man im Freien manchmal alles in Trümmern vor. Autos wurden vom Sturm verbeult oder von herabfallenden Gebäudeteilen beschädigt, Bäume und Strommasten sind abgebrochen. Besonders schwer trifft es meist Wohncontainer.

STURMJÄGER
Wenn ein starker Sturm aufzieht, folgen ihm sog. Sturmjäger in mit Doppler-Radar ausgerüsteten Fahrzeugen. Sie überwachen seine Entwicklung und können dank ihrer Geräte verfolgen, wie der Wirbel aus den Wolken heraus entsteht. Um mehr als 24 Stunden lässt sich ein Tornado aber nicht vorhersagen.

WASSERHOSE
Wenn ein Tornado über das Meer oder über einen See wandert, saugt der Schlot Wasser auf, und es bildet sich eine Wasserhose. Obwohl die Windgeschwindigkeit darin meist geringer ist als in einem „normalen“ Tornado, reicht der Sog, um Boote aus dem Wasser zu heben.

Hochwasseralarm

Wasser ist lebenswichtig – zum Trinken, Waschen und für das Pflanzenwachstum. Flüsse und Meere liefern Nahrung und dienen als Transportwege. Doch wenn ein Fluss über seine Ufer tritt oder riesige Sturmwellen vom Meer aufs Land fluten, wird das Wasser zum Todfeind. Gewaltige Fluten reißen Menschen und Tiere mit sich und zerstören Wohnhäuser, historische Bauten und wertvolle Kunstwerke. Im Gebirge können wolkenbruchartige Regenfälle zu einer Blitzflut führen – einem reißenden Strom, der so schnell anschwillt, dass er die Menschen völlig unvorbereitet trifft.

REGENZEIT
In Indien feiern Kinder den ersten Regen der Monsunzeit. Der Monsun beginnt meist mit einem Gewitter und einem mehrtägigen Wolkenbruch. Trotz der Überschwemmungen, die sie mit sich bringt, erwartet man die Monsunzeit sehnlichst, bedeutet sie doch das Ende der feuchtheißen Periode und bewässert das Getreide auf den Feldern.

FRUCHTBARES SCHWEMMLAND
Die alten Ägypter waren auf die jährliche Nilüberschwemmung zu beiden Seiten des Flusses angewiesen. Das abfließende Wasser hinterließ nährstoffreichen und fruchtbaren Schlickboden. Seit 1970 hat der Assuan-Staudamm die Überflutungen verringert; die Bauern müssen ihre Äcker nun mit Kunstdünger bearbeiten.

Hochwasser im österreichischen Machland (August 2002)

LAND UNTER
Nach schweren Regenfällen traten im Jahr 2002 die Flüsse Donau, Elbe und Moldau über ihre Ufer. Schutzmaßnahmen nützten wenig; weite Gebiete Tschechiens, Österreichs und Deutschlands wurden überflutet. In der tschechischen Hauptstadt Prag liefen die U-Bahn-Tunnel voll Wasser, und historische Gebäude nahmen Schaden. In Dresden entstanden an der berühmten Semperoper und in den Gemäldegalerien der Staatlichen Kunstsammlung fast 50 Mio. Euro Schaden.

Die Karte zeigt die jährlichen Niederschlagsmengen auf der Erde.

NORD-AMERIKA
ATLANTIK
EUROPA
Fluten bedrohen tief liegende Gegenden Nordeuropas.
ASIEN
Tropische Stürme lösen Überflutungen in Australien aus.
Im Südosten der USA treten oft die großen Flüsse über die Ufer.
AFRIKA
PAZIFIK
SÜD-AMERIKA
INDISCHER OZEAN
AUSTRALIEN
Der Amazonas tritt jedes Jahr über seine Ufer.
An der Pazifikküste Südamerikas sind Sturmfluten häufig.
Überflutungsgebiete Zentralafrikas in der Regenzeit
Monsunregen bewirkt Überflutungen um die Bucht von Bengalen.
Über 2474 mm
474–2474 mm
Unter 474 mm

SEGEN ODER FLUCH?
Die durchschnittliche „Weltregenmenge“ liegt bei 1000 mm jährlich. Allerdings ist sie nicht gleichmäßig verteilt. In vielen Gegenden regnet es mäßig, andere leiden unter Dürren, wieder andere werden immer wieder überschwemmt. Die Regenmenge hängt von vielen Faktoren ab, z. B. Jahreszeit, Lufttemperatur oder Form und Größe der Landmasse.

GLETSCHER-SCHMELZE

Die Eisschmelze von Gletschern und Flüssen verursacht nur selten Überschwemmungen, weil sie sich langsam vollzieht. Manchmal aber türmen sich Eisschollen zu einem Damm im Fluss auf, der dann im Oberlauf über seine Ufer tritt. Wird der Damm rissig oder platzt, schießt das aufgestaute Eiswasser flussabwärts.

Schmelz-wassersee

UMLEITUNG

In manchen Hochwassergebieten schützen Schleusen vor Überschwemmungen. Der Wasserstand wird ständig überwacht, denn schon ein geringes Ansteigen nahe der Flussquelle kann stromabwärts zur Überschwemmung führen. Wenn die Schleusen geöffnet sind, bildet das überschüssige Wasser einen Ablaufsee.

Schleuse am Drei-Schluchten-Damm, Provinz Hubei/China

FLUTSCHUTZ

Das Themse-Sperrwerk schützt London vor Gezeitenhochwasser. Seine Tore schließen sich bei starker Flut. Da die Themse von den Gezeiten beeinflusst wird, wäre bei Spring- oder Sturmfluten die Stadt gefährdet.

Offene Schleusen lassen Wasser durch.

Die Doppler-Radarkuppel empfängt Echowellen.

Rote Bereiche = herannahender Sturm

Farbkodierungen für Sturmstärke

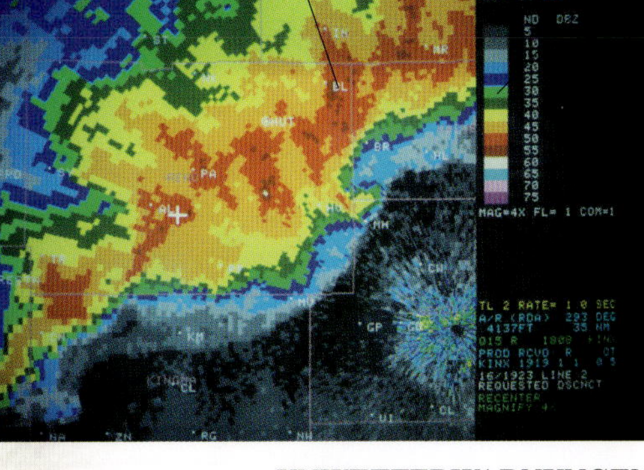

UNWETTERWARNUNGEN

Dank Doppler-Radar sind heute genaue Wettervorhersagen möglich. Das System lokalisiert Stürme und misst deren Geschwindigkeit und Richtung mittels Funkwellen, die von den Wolken abprallen. Diese nach einem Doppler-Radarausdruck erstellte Wetterkarte zeigt ein schweres Gewitter über Kansas/USA.

Tosende Wasser

Überschwemmungen machen Straßen unpassierbar; entweder steht das Wasser zu hoch, oder die Straße wird einfach weggespült. Menschen in Überschwemmungsgebieten ohne Fluchtweg suchen die oberen Stockwerke von Häusern auf, klettern auf Dächer oder Bäume und warten dort auf Rettung per Boot oder Hubschrauber. Solchen Situationen könnte man vorbeugen, indem man keine Wohnhäuser in gefährdeten Gebieten baut, aber dort existieren bereits zahlreiche Städte. In manchen dicht besiedelten Tieflandgebieten wie den Niederlanden oder Bangladesch gibt es zudem so gut wie keine höheren Lagen.

SINTFLUT
Die Bibel erzählt von einer Sintflut nach 40 Tagen Regen. Noahs Arche schwamm lange Zeit auf dem Wasser, bis das Land trocknete.

Weihrauchkugel

ÜBERFLUSS BRINGT VERDRUSS
Seit jeher ist Regen wichtig für die Ernte, aber Fluten können sie und ganze Dörfer vernichten. Die Maya opferten dem Gott Chac. Sie beteten, dass er Regen, aber keine Überschwemmung schicken möge.

Das normale Flussbett des Jangtse

Häuser, 1 m tief im Wasser

DER JANGTSE WIRD GEBÄNDIGT
Nach schweren Regenfällen tritt in China der Jangtse (auch Jangtsekiang) über die Ufer. Besonders schlimm war die Überschwemmung vom August 2002, als 900.000 Menschen obdachlos wurden. Zehn Jahre zuvor hatte man mit dem Bau des Drei-Schluchten-Staudamms (dem größten der Welt) begonnen, der Überflutungen verhindern soll. Seine Fertigstellung ist für 2009 geplant. Man befürchtet jedoch „Nebenwirkungen“ wie Erdstöße, denn der Damm entsteht in einem erdbebengefährdeten Gebiet.

STRASSE NACH NIRGENDWO
Diese eingestürzte Brücke in Quincy/Illinois tauchte unter, als der größte Strom der USA, der Mississippi, und sein Nebenfluss Missouri über die Ufer traten. Ein Gebiet von über 80.000 km² lag nach Damm- und Deichbrüchen unter Wasser, nachdem im Frühjahr zehnmal so viel Regen wie üblich gefallen war.

FLUCHT VOR DEN FLUTEN
Als die Wasser des Mississippi und seiner Nebenflüsse 1993 stiegen, kletterten die Menschen auf Dächer und Bäume; 49 ertranken, und 70.000 wurden obdachlos.

Rettungskräfte helfen einer Frau vom Dach ihres Hauses.

Gestrandete Fahrgäste warten auf Rettung.

BLITZFLUTEN
Der Taifun Winnie schlug im November 2004 auf den Philippinen zu. Er brachte so viel Regen, dass es zu Blitzfluten und Erdrutschen kam. Zwei Busse nördlich der Hauptstadt Manila wurden beinahe weggespült. Die Fahrgäste retteten sich auf die Busdächer.

Behälter für Lebensmittelration

ZU NAH AM WASSER GEBAUT
In Bangladesch stehen Frauen und Kinder für Notrationen an – bis zur Taille im Wasser. Die Bewohner des tief liegenden Landes zwischen zwei großen Strömen, dem Ganges und dem Brahmaputra, sind an die jährliche Überschwemmung während des Monsuns gewöhnt. 1997/98 sorgte jedoch El Niño für so starke Monsunregenfälle, dass zwei Drittel des Landes überflutet und 10 Mio. Menschen obdachlos wurden.

Dürre und Hunger

Es ist schwer zu sagen, wann genau eine Dürre beginnt. Wenn es weniger regnet als üblich, trocknet der Boden langsam aus, und die Pflanzen verdorren. Sinkt der Wasserstand, dann erscheinen Risse in trockenen Seen oder Flussbetten; die Dürre ist dann bereits fortgeschritten. Wenn sie anhält, kann eine Hungersnot für Mensch und Tier folgen. Die beste Vorbeugung besteht darin, Wasser in Reservoirs und Tanks zu sammeln – sofern es welches gibt, denn die trockensten Gebiete haben nie genug. Dort kann man Dürren nicht verhindern, wohl aber eine Hungersnot, wenn Wasser, Lebensmittel und sonstige Hilfsgüter in die Region geschickt werden, bevor Menschen zu Schaden kommen.

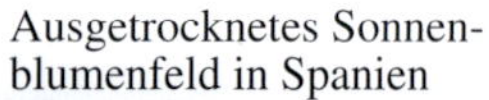

Ausgetrocknetes Sonnenblumenfeld in Spanien

DURSTIGE FELDER
Eine Dürre trifft zuallererst die Bauern, wenn die Ernte verdorrt. In reichen Ländern ist der Rest der Bevölkerung nur dann betroffen, wenn der Wasserverbrauch eingeschränkt wird. Trink- und Waschwasser steht meist noch zur Verfügung, bis es wieder regnet und sich die Reservoire füllen.

DIE WÜSTE WIRD ZURÜCKGEDRÄNGT
In Niger, am Rand der Sahara, weiß man nie, wann der nächste Regen fällt. Bei anhaltender Dürre wandern die Sanddünen und begraben Wohnsiedlungen und Höfe unter sich. Um das zu verhindern, pflanzen die Bauern in Wüstengegenden Hirse in den Dünen. Die Pflanzen halten die Dünen zusammen, sodass nicht zu viel Sand auf angrenzende Felder weht.

Gestrandetes Boot im Sand, der früher auf dem Grund des Aralsees lag

SCHRUMPFENDES BINNENMEER
Der Aralsee zwischen Kasachstan und Usbekistan ist um die Hälfte geschrumpft. Seit den 1960er-Jahren wurde Wasser aus seinen Zuflüssen zur Bewässerung umgeleitet. Der See ist außerdem so salzig geworden, dass die Fische verendeten. Damit war vielen Fischern am Aralsee die Lebensgrundlage entzogen.

GRUNDWASSER
Der indische Bundesstaat Gujarat litt 2003 unter der schlimmsten Dürre seit zehn Jahren. Wenn oberirdische Quellen versiegen, muss man Grundwasser, das unter harten Gesteinsschichten liegt, aus sehr tiefen Brunnen holen. Die Menschen kamen zu Fuß von weit her und standen Schlange, um ein paar Töpfe Wasser zu schöpfen.

Grab-hügel

STAUBSCHÜSSEL
In den 1930er-Jahren litten die Großen Ebenen (Plains) in den USA unter einer Dürre, die durch zu intensive Bodennutzung entstanden war. Die Erde zerfiel zu Staub und wurde vom Wind verweht. Die Region bekam den Beinamen „Staubschüssel". Nach der Dürre zwangen Missernten und Hungersnot bis 1937 eine halbe Mio. Menschen, ihre Farmen aufzugeben.

Die Ziegelwand verhindert, dass Erde in den Brunnen fällt.

An Seilen lässt man Metalltöpfe zum Grundwasser hinab.

Tierkadaver – ein häufiger Anblick bei anhaltender Dürre

HUNGER
Im Sudan und in Äthiopien verdorrte 1984/85 zuerst die Ernte, dann verhungerte das Vieh. Die Bewohner der Gegend verloren ihre Lebensgrundlage und hungerten ebenfalls. Die Katastrophe forderte 450.000 Menschenleben.

IM LAGER
Während der schlimmsten Dürren verlassen Menschen ihr Land und suchen Flüchtlingslager auf. Hier bekommen sie Wasser, Essen und Obdach, bis die Dürre vorbei ist und sie zurückkehren können. Regierungen oder Hilfsorganisationen wie Ärzte ohne Grenzen und Oxfam liefern sauberes Wasser, Lebensmittel, Medikamente und Notunterkünfte.

Waldbrände

Warnung vor Waldbränden

Vom ersten Flämmchen in trockenem Gras breitet sich ein Waldbrand rasend schnell aus. Die Flammen springen von Baum zu Baum, Glut wird vom Wind verweht und setzt weitere Pflanzen in Brand, während die Tiere vor der Feuersbrunst flüchten. Waldbrände – je nach Region und Art der Ausbreitung auch Busch- oder Lauffeuer genannt – brechen regelmäßig in langen, trockenen Sommern in den Wäldern Australiens, Kaliforniens und Südeuropas aus. Manchmal lässt man sie ausbrennen und wartet dann, dass sich die Landschaft auf natürliche Weise erholt. Wenn ein Brand aber außer Kontrolle gerät und ganze Landstriche oder bewohnte Gegenden zu verwüsten droht, muss die Feuerwehr eingreifen.

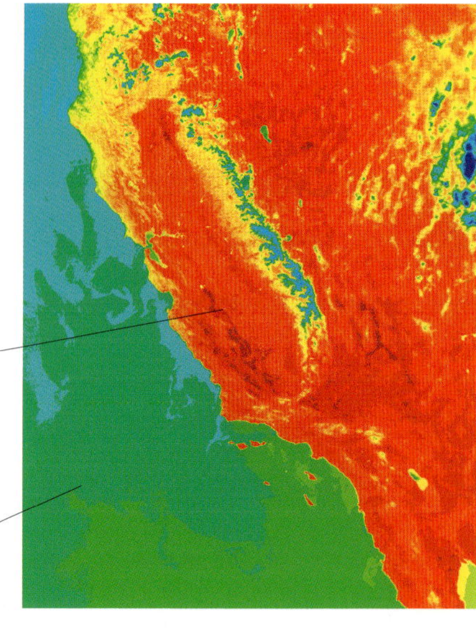

Dunkelrote Flächen sind am heißesten: Bodentemperaturen über 55 °C

Die blaugrüne Fläche ist der Pazifische Ozean.

HITZEWELLE
Dieses Satelliten-Wärmebild zeigt Bodentemperaturen in Kalifornien/USA bei einer Hitzewelle im Mai 2004. Sie führte zu einem frühen Beginn der Waldbrände. Am schlimmsten wüten Waldbrände in sehr heißen Jahren, wenn die Pflanzen mangels Regen verdorren und den Flammen reichlich leicht entzündliche Nahrung bieten.

BLITZE
Etwa die Hälfte aller Waldbrände werden von Menschen verursacht, entweder absichtlich oder versehentlich. Natürliche Auslöser sind meist Blitzeinschläge bei Sommergewittern. Trockene Pflanzen geben dem Feuer Nahrung, und Stürme fachen es an, sodass binnen kurzer Zeit aus einer Landschaft ein Flammenmeer wird.

Dicker Qualm von einem Rodungsfeuer

RODUNGSFEUER
In den Regenwäldern Südostasiens und Südamerikas roden die Bauern Land, indem sie Bäume und Unterholz abfackeln. Sie bebauen das neue Land einige Jahre, bevor sie es wieder verwalden lassen. Aber Rodungsfeuer sind schwer zu kontrollieren; manchmal wachsen sie sich zu gefährlichen Waldbränden aus.

BRENNENDER NATIONALPARK
1988 verursachten ein sehr trockener Sommer und außerordentlich starke Stürme verheerende Waldbrände im Yellowstone-Nationalpark in den USA. Den ganzen August über brannten Feuer. An einem einzigen Tag wurden 60.700 ha Landschaft verwüstet. Die Parkverwaltung musste von ihrem Grundsatz abrücken, Waldbrände sich selbst zu überlassen. Feuerwehrleute aus dem ganzen Land bekämpften mit Hilfe der Armee die Flammen.

Aufsteigende Hitze saugt die Luft in Bodennähe an – so erhält das Feuer Nahrung in Form von Sauerstoff.

POSITIVE SEITEN
Waldbrände spielen eine wichtige Rolle im Lebenszyklus der nordamerikanischen Drehkiefern, die ihre Samen nur bei starker Hitze freisetzen. Zudem „säubern" die Feuer den Boden für neue Schösslinge, reichern ihn mit Nährstoffen (Asche) an, töten Schädlinge und dämmen Pflanzenkrankheiten ein.

BRANDBEKÄMPFUNG
Feuerwehrleute bringen Waldbrände mit verschiedenen Methoden unter Kontrolle. Sie spritzen Wasser oder Chemikalien auf brennende Vegetation, um die Temperatur zu senken oder das Material schwer entflammbar zu machen. Sie fällen Bäume oder verbrennen den Bewuchs um das Gebiet, auf das sich das Feuer zubewegt, damit es keine Nahrung mehr findet. Manchmal baggern sie auch Gräben aus.

Flammen werden von Winden mit 90 km/h über die Autobahn getragen und erreichen Bäume auf der anderen Seite.

Außer Kontrolle

Es kann über eine Woche dauern, bis die Feuerwehrleute größere Waldbrände am Boden oder aus der Luft unter Kontrolle bringen. In abgelegenen Gebieten müssen sie sich oft durch Flammenwände, umstürzende Bäume, Rauchwolken und Temperaturen von 500 °C kämpfen. Manche Feuer jedoch lassen sich nicht kontrollieren. Im Jahr 1997 loderten nach monatelanger Trockenheit im Regenwald von Indonesien über 100 Feuer. Brandbekämpfungsspezialisten aus aller Welt wurden eingeflogen, aber selbst ihnen gelang es nicht, alle Brände einzudämmen. Schließlich fiel der ersehnte Monsunregen ...

WASSER MARSCH!
In besiedelten und erschlossenen Gebieten können Löschmannschaften ihre Schläuche an Hydranten anschließen. In freier Natur fährt man Wassertankwagen zum Brandort oder pumpt Wasser aus nahe gelegenen Seen.

Tempo bis 203 km/h

An Bord sind ein Pilot, zwei Feuerwehrhauptmänner und acht Feuerwehrleute.

Indischer Ozean

Die Insel Borneo

Rauch von Waldbränden

Die roten Punkte sind Feuer.

FLAMMENDE INSEL
Im Sommer 2002 waren aus dem All lodernde Feuer und eine Rauchdecke über Borneo/Südostasien klar zu erkennen. Holzunternehmen hatten die Feuer absichtlich entfacht, um einen Teil des Regenwaldes zu roden, aber sie gerieten rasch außer Kontrolle. Die Brände, die auch auf die nahe Insel Sumatra übergriffen, verwüsteten ein Waldgebiet halb so groß wie die Schweiz. Selbst wenn ein Feuer im Regenwald gelöscht ist, schwelt noch die Torfschicht, sodass erneut ein Brand ausbrechen kann.

SMOGALARM
1997 verwüsteten Brände über 300.000 ha Wald in Südostasien. 70 Mio. Menschen litten unter einem grauen Smogschleier. In manchen Gegenden entsprach die Luftverpestung einem täglichen Konsum von mehreren Dutzend Zigaretten. Mit Atemschutzmasken versuchte man, das Gesundheitsrisiko zu verringern.

Helfer verteilen Atemschutzmasken.

Funkensprühender brennender Baum

BAUMFACKEL

Die australischen Eukalyptusbäume enthalten natürliche Öle, die ein Austrocknen der Pflanzen verhindern. Doch sie machen sie auch leichtentzündlich. In heißen, trockenen Sommern kann die intensive Hitze eines nahenden Feuers bewirken, dass die Bäume sich spontan entzünden. Wenn das Feuer erloschen ist, kann neues Wachstum unter der verkohlten Rinde entstehen, und im aschereichen Boden keimen die Samen der Bäume schnell.

Der Tank fasst 1360 Liter Wasser oder Schaum.

Leuchtende feuerfeste Kleidung

FEUERSBRUNST

2002 erreichten die Buschfeuer in Neusüdwales/Australien bebaute Gebiete. Trotz intensiver Löscharbeiten brannten 170 Wohnhäuser nieder. Um den australischen Busch legt man jetzt regelmäßig kontrollierte Feuer, um das trockene Unterholz zu verbrennen. So lassen sich größere Brände verhindern.

Der Kragen schützt den Hals beim Sprung vor Zweigen.

Die Hitze lässt Wasser verdampfen.

FEUERSPRINGER

In abgelegenen Gegenden bekämpfen Fallschirmspringer der Feuerwehr kleine Brände, bevor diese sich ausbreiten. Pumpen und schweres Gerät werden getrennt abgeworfen. Nach dem Löschen müssen diese sog. Feuerspringer oft zu Fuß zurückkehren und die ganze Ausrüstung tragen.

DIE FLAMMEN ERSTICKEN

Menschen, die in der Nähe der Waldgebiete im Süden von Kalifornien/USA leben, sind jedes Jahr von Waldbränden bedroht. Allein im Jahr 2004 loderten dort 5500 Brände auf rund 68.000 ha Fläche und zerstörten über 1000 Gebäude. Die kalifornische Feuerwehr verfügt über Spezialhubschrauber, die Wasser aus Seen schöpfen oder pumpen können. Die Ladung wird auf den heißesten Teil des Feuers oder die Pflanzen im Umkreis entleert, damit sie nicht wie Zunder brennen.

Spezialschutzhelm

Werkzeugtasche

Klimawandel

Über Jahrmillionen schwankte das Erdklima immer wieder zwischen Eiszeiten und sehr heißen Perioden. Langfristiger Klimawandel wird durch Veränderungen der Sonnenhitze, des Neigungswinkels der Erde und des Abstandes zwischen Sonne und Erde auf ihrer Bahn durchs All verursacht. Seit etwa 100 Jahren erwärmt sich unser Planet, und in den letzten Jahrzehnten hat sich diese Entwicklung beschleunigt. Viele Wissenschaftler schreiben die globale Erwärmung (Erderwärmung) dem rasant gestiegenen Ausstoß an Abgasen zu, die bei der Verbrennung fossiler Brennstoffe entstehen, und sie vermuten, dass die Erwärmung zu extremen Wetterlagen mit gewaltigen Stürmen und schlimmen Dürren führen wird.

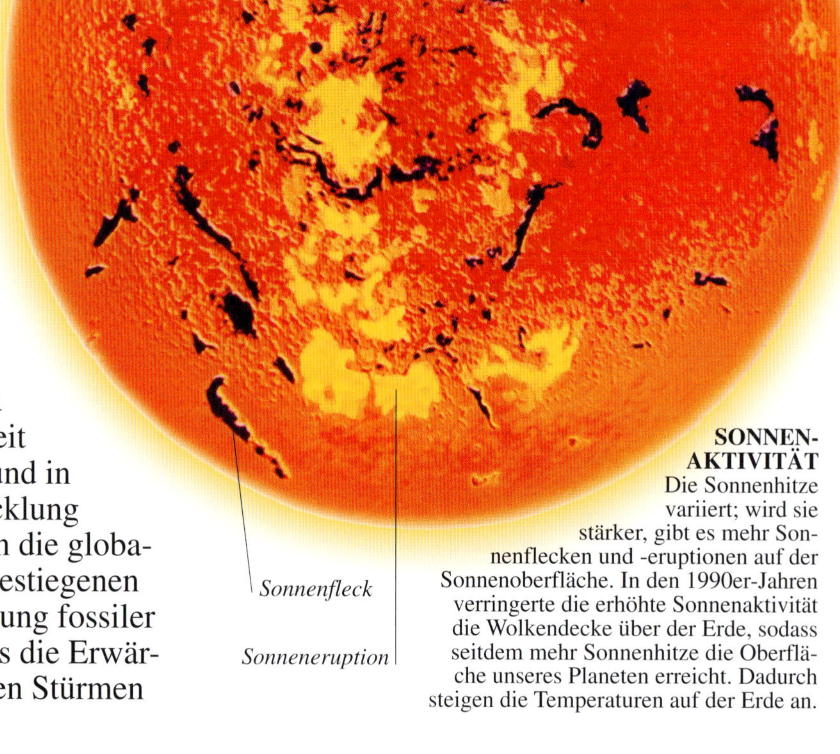

SONNENAKTIVITÄT
Die Sonnenhitze variiert; wird sie stärker, gibt es mehr Sonnenflecken und -eruptionen auf der Sonnenoberfläche. In den 1990er-Jahren verringerte die erhöhte Sonnenaktivität die Wolkendecke über der Erde, sodass seitdem mehr Sonnenhitze die Oberfläche unseres Planeten erreicht. Dadurch steigen die Temperaturen auf der Erde an.

ARKTISCHES MEEREIS 1979
In der Arktis schrumpft als Folge der globalen Erwärmung die Eisdecke aus Meerwasser. Dieses Satellitenbild zeigt die Ausdehnung des Meereises um den Nordpol im Jahr 1979. Grönlands Ostküste ist größtenteils von Eis bedeckt, und das Meereis dehnt sich bis zur Nordküste Russlands aus.

ARKTISCHES MEEREIS 2003
Dieses Satellitenbild zeigt, wie viel von der Eisdecke 2003 bereits geschmolzen war (laut Schätzungen etwa 15 %). Wenn die Temperaturen weiterhin steigen, dehnt sich das Meerwasser beim Erwärmen aus. Dazu fließt Schmelzwasser vom Land ins Meer und erhöht das Volumen. Somit steigt der Meeresspiegel, und tief liegende Küsten werden überflutet.

BEDROHTE TIERWELT
Das Schrumpfen des Meereises bedroht die Existenz der Eisbären, denn sie wandern die meiste Zeit über das arktische Eis und jagen Robben. Die globale Erwärmung könnte bedeuten, dass in der Arktis ein großes Stück der schwimmenden Eisdecke im Sommer schmilzt und sich im Winter neu bildet. Bei steigender Temperatur entstehen zudem Risse im Polareis, Teile brechen ab und treiben davon.

Treibende Eisschollen schmelzen schneller als die feste Eisdecke.

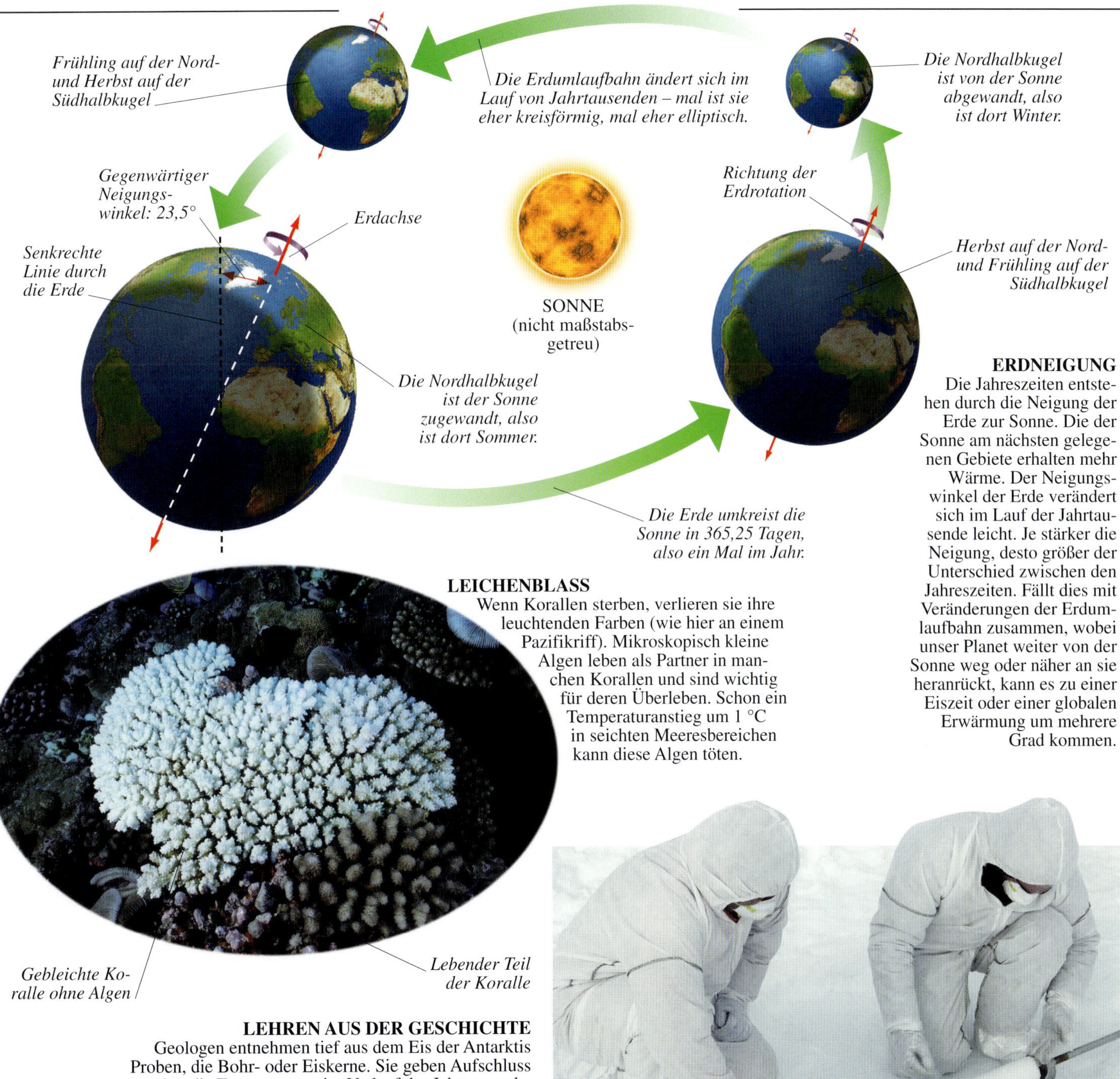

ERDNEIGUNG
Die Jahreszeiten entstehen durch die Neigung der Erde zur Sonne. Die der Sonne am nächsten gelegenen Gebiete erhalten mehr Wärme. Der Neigungswinkel der Erde verändert sich im Lauf der Jahrtausende leicht. Je stärker die Neigung, desto größer der Unterschied zwischen den Jahreszeiten. Fällt dies mit Veränderungen der Erdumlaufbahn zusammen, wobei unser Planet weiter von der Sonne weg oder näher an sie heranrückt, kann es zu einer Eiszeit oder einer globalen Erwärmung um mehrere Grad kommen.

LEICHENBLASS
Wenn Korallen sterben, verlieren sie ihre leuchtenden Farben (wie hier an einem Pazifikriff). Mikroskopisch kleine Algen leben als Partner in manchen Korallen und sind wichtig für deren Überleben. Schon ein Temperaturanstieg um 1 °C in seichten Meeresbereichen kann diese Algen töten.

Gebleichte Koralle ohne Algen

Lebender Teil der Koralle

LEHREN AUS DER GESCHICHTE
Geologen entnehmen tief aus dem Eis der Antarktis Proben, die Bohr- oder Eiskerne. Sie geben Aufschluss über die Temperaturen im Verlauf der Jahrtausende, in denen die Eisdecke entstand. Eiskerne zeigen auch, wie viel Kohlendioxid, Vulkanasche, Staub und Pollen es in der Atmosphäre gab. Aus der Erforschung früherer Klima- und Atmosphärenveränderungen schließen Wissenschaftler auf den künftigen Wandel.

Bohrgestänge für einen Eiskern

Umweltsünden

Ballon mit Messgeräten

Manche Katastrophen haben keine natürliche Ursache, sondern sind Folge des Raubbaus an der Natur. Verkehrs- und Industrieabgase verpesten die Luft, die wir atmen. Fossile Brennstoffe (Kohle, Öl und Gas) versorgen uns mit Strom, setzen aber auch Gase frei, die den Klimawandel beschleunigen. Diese Rohstoffe werden zusehends knapp, aber unser Stromverbrauch steigt weiter. Der Bedarf an Bauholz und neuem Ackerland führt zur Rodung von Wäldern, und die Meere werden leergefischt. Wissenschaftlern zufolge ist es dringend nötig, dass wir sorgsamer mit unserem Planeten umgehen. Energiesparen und Umweltschutz sind aber nicht nur die Aufgabe von Regierungen, sondern jedes Einzelnen.

Die dunkelblaue Fläche zeigt das Ozonloch über der Antarktis.

OZONSCHWUND
Hoch oben in der Atmosphäre befindet sich eine Gasschicht, das Ozon. Es bildet sich, wenn Sauerstoff mit Sonnenlicht reagiert, und blockiert einen Teil der schädigenden Strahlung (die Hautkrebs verursachen kann). Die sog. FCKW-Gase aus Kühlschränken und Sprühdosen reagieren mit Sauerstoff und verdünnen die Ozonschicht, die dann die schädlichen Sonnenstrahlen nicht mehr so gut abhält. FCKWs sind in vielen Ländern verboten.

Redwoodwald im Norden von Kalifornien/USA

ENTWALDUNG
Heutzutage wird schneller abgeholzt als aufgeforstet. Wälder liefern Holz und – bei Rodung – neue Weide- und Anbauflächen. Doch Wälder sind auch wichtig für das Leben auf der Erde, denn im Zuge der Fotosynthese, eines chemischen Vorgangs, absorbieren Bäume Kohlendioxid und produzieren Sauerstoff. Die Abholzung kann das Aussterben von Pflanzen und Tieren zur Folge haben, da sie deren natürlichen Lebensraum zerstört.

VERPESTETE LUFT
Wie viele Weltstädte liegt auch Santiago, die Hauptstadt Chiles, an heißen Tagen unter einer Dunstglocke. Der sog. Smog ist ein Rußnebel aus einem Gemisch von Schadstoffen, darunter Kohlenmonoxid aus Autoabgasen. Die verschmutzte Luft kann Atemwegsbeschwerden wie Asthma und Bronchitis sowie Augenreizungen hervorrufen.

Heringsfang auf einem norwegischen Schiff

FISCH WIRD KNAPP

Fabrikschiffe wie dieses fangen und verarbeiten mehrere hundert Tonnen Fisch täglich. 10 % unseres Proteinbedarfs decken wir durch Fisch. Mit wachsender Weltbevölkerung steigt auch der Bedarf an Fisch. Die Meere sind aber bald leergefischt, und manche Fischarten stehen kurz vor dem Aussterben.

In China fliehen Menschen vor einem Sandsturm; hier dehnt sich die Wüste aus.

WÜSTENAUSDEHNUNG

An den Wüstenrändern können Jahre mit wenig oder ohne Regen vergehen. Wenn diese Gebiete besiedelt sind, verschwindet die Vegetation (meist als Tierfutter) schneller, als sie nachwächst. Bald dehnt sich die Wüste aus, der Boden wird zu unfruchtbarem Staub. An den Wüstenrändern Asiens und Afrikas verlieren Millionen Menschen ihr Land und ihren Lebensunterhalt durch diese sog. Desertifikation.

Graue Stellen sind durch Dynamitfischen zerstörte Korallen.

DYNAMITFISCHEN

Ausgerechnet an den schönsten und fruchtbarsten Stellen im Meer zerstört man mit ungewöhnlich aggressiven Methoden die Korallenriffe. Man nutzt dort das Dynamitfischen als schnelle und billige Möglichkeit des Fischfangs und tötet dabei die Korallen in den seichten Gewässern teilweise ab. Sie brauchen gut 20 Jahre, um sich wieder zu erholen.

Die Abholzung großer Waldflächen schadet der Tier- und Pflanzenwelt.

WALDSTERBEN

Dieser Wald geht nicht an einer Dürre, sondern durch sauren Regen zugrunde. Fossile Brennstoffe setzen beim Verfeuern Stickstoff und Schwefeloxide frei, die in der Atmosphäre Säuren bilden. Der Wind trägt diese weit weg von den Städten und Fabriken, bis sie als saurer Regen fallen und Bäume und Flüsse schwer schädigen.

Infektionskrankheiten

Die schlimmste Bedrohung geht nicht von Unwettern oder vom Rumoren im Erdinnern aus, sondern von winzigen Lebewesen, die nur unter Hochleistungsmikroskopen zu sehen sind. Infektionskrankheiten wie Malaria, Cholera, Tuberkulose und AIDS fordern jährlich weltweit über 13 Millionen Menschenleben. Verursacht werden sie durch Bakterien, Pilze, Viren und andere Mikroorganismen, die in den Körper eindringen, sei es durch Wunden oder Insektenstiche, beim Atmen durch Mund und Nase oder beim Essen oder Trinken. Erreger von Pflanzenkrankheiten können zudem die Ernten und damit unsere Lebensgrundlage vernichten.

Mundwerkzeuge zum Stechen und Blutsaugen

LEBENSBEDROHLICHER FLOH
Im 14. Jh. suchte die Beulenpest Asien und Europa heim und tötete ca. 40 Mio. Menschen. Der sog. Schwarze Tod wurde durch Ratten verbreitet, die von Pestflöhen befallen waren. Der Biss eines infizierten Flohs übertrug die Krankheit auf den Menschen.

Mit seinen langen Hinterbeinen hüpft der Floh von Wirt zu Wirt.

Luft entweicht mit 150 km/h aus der Lunge.

TRÖPFCHENINFEKTION
Beim Niesen kommen winzige Tröpfchen mit Krankheitserregern aus Nase oder Mund. So verbreiten sich relativ harmlose Erkältungen, aber auch schwere Infektionskrankheiten wie Pocken und Tuberkulose.

Ruandische Flüchtlinge schöpfen Wasser zum Trinken aus einer Schlammpfütze.

SCHMUTZWASSER
Nach Kriegen und Naturkatastrophen muss man in Flüchtlingslagern mit dem Ausbruch der Cholera rechnen, denn oft fehlt es an sauberem Trinkwasser. Die tödliche Krankheit wird durch Bakterien übertragen, die in Schmutzwasser gedeihen. Sie führt zu Durchfall und Erbrechen und zur raschen Austrocknung.

VIELTAUSENDFACH VERGRÖSSERT
Unter dem Rasterelektronenmikroskop kann man Krankheitserreger in 250.000-facher Vergrößerung beobachten und erforschen. Ein Elektronenstrahl erzeugt ein 3D-Schwarzweißbild von den Kleinstlebewesen, das am Computer koloriert wird. Der niederländische Forscher Antoni van Leeuwenhoek (1632–1723) beobachtete als Erster winzige Organismen wie Bakterien und Blutkörperchen im Mikroskop.

KARTOFFELFÄULE Dieses Rasterelektronenbild zeigt einen winzigen Pilz namens *Phythophtora infestans*. Pilze sind pflanzenähnliche Organismen, die sich von toten oder lebenden Pflanzen und Tieren ernähren. *Phythophtora infestans* löst eine Krankheit aus, die Kartoffeln faulen lässt. In den 1840er-Jahren vernichtete sie die Kartoffelernte in Europa. In Irland, wo Kartoffeln ein Hauptnahrungsmittel waren, verhungerten 1 Mio. Menschen.

POCKENERREGER Dieses Rasterelektronenbild zeigt das Variolavirus, den Pockenerreger. Viren sind viel kleiner als Bakterien, sozusagen winzige Erbgutpäckchen in einer Proteinhülle. Sie verursachen Krankheiten – von Pocken und Aids bis zur einfachen Erkältung –, indem sie in Wirtszellen eindringen und dort ihr eigenes Erbmaterial (DNA) vervielfältigen.

POCKENNARBEN Diese geschnitzte, mit Flecken übersäte Figur aus Nigeria ist ein Pockengeist. Die Krankheit stellt heute keine Bedrohung mehr dar, war aber hochansteckend und hinterließ hässliche Narben – falls die Erkrankten das Glück hatten zu überleben. Ein Heilmittel gab es nicht.

Epidemien

Epidemien oder Seuchen nennt man Krankheiten, die sich rasch unter der Bevölkerung ausbreiten. Wenn viele Menschen (eventuell sogar weltweit) infiziert werden, spricht man von einer Pandemie. Zu einer solchen hat sich Aids entwickelt, die heute wohl größte Bedrohung. Mit Gesundheitsaufklärung versucht man die Ausbreitung zu verringern. Cholera und andere durch Wasser übertragbare Krankheiten lassen sich nach einem Ausbruch örtlich eingrenzen, vorausgesetzt, die Menschen leben unter einigermaßen hygienischen Bedingungen und haben sauberes Wasser zur Verfügung.

GRIPPEFORSCHUNG
Diese Klötzchen enthalten Hirn- und Lungengewebe von Opfern der Grippepandemie von 1918 bis 1920, der mindestens 20 Mio. Menschen erlagen. Man hofft, das Virus aus den Proben isolieren zu können und so herauszufinden, warum diese Grippe so tödlich war. Grippeviren sind schwer zu bekämpfen, da sie sich verändern (mutieren) können.

Namen von Opfern der Grippepandemie

WELTIMPFPROGRAMM
Nachdem die Pocken 1967 2 Mio. Todesopfer gefordert hatten, versuchte man, die Krankheit mit Massenimpfungen zu besiegen. Beim Impfen injiziert man eine abgeschwächte oder tote Form des Krankheitserregers in den Körper, der das Immunsystem anregt, Widerstandskräfte aufzubauen. Mediziner reisten damals in die entlegensten Winkel der Erde, um gefährdete Personen zu impfen. Die Strategie erwies sich als erfolgreich: 1980 konnte die Weltgesundheitsorganisation bekanntgeben, dass die Pocken als ausgerottet gelten.

LUNGENPEST
Als 1994 in Surat/Indien 51 Menschen an der Lungenpest starben, flohen tausende aus Angst vor Ansteckung. Müll wurde von den Straßen entfernt und verbrannt, um die krankheitsübertragenden Ratten loszuwerden. Die Krankheit befällt die Lunge; übertragen wird sie von Bakterien, wie die Drüsenkrankheit Beulenpest, die Europa im 14. Jh. heimsuchte.

Geimpft wurde mit sog. Impfpistolen (ohne Nadel) durch die Haut.

MALARIA UNTER KONTROLLE Auf der kleinen Insel Car Nikobar in der Bucht von Bengalen besprüht ein Helfer ein stehendes Gewässer, um Mückenlarven zu töten. Der Tsunami von 2004 hinterließ viele stehende Gewässer und schuf so Brutstätten für die Mücken, die Malaria übertragen.

MÜCKENLARVEN Im Wasser schlüpfen aus Eiern Larven und entwickeln sich zu geflügelten erwachsenen Mücken. Die Weibchen ernähren sich von Säugerblut und übertragen Krankheiten wie Malaria und Dengue-Fieber. Man tötet die Mückenlarven, um die Krankheiten einzudämmen.

Einmalhandschuhe wegen Ansteckungsgefahr

SAUBER BLEIBEN Hygiene ist eine wichtige Waffe im Kampf gegen potenziell tödliche Mikroorganismen, die unter unhygienischen Bedingungen gedeihen. Manche davon, wie MRSA, sind gegen die meisten Antibiotika resistent, darum ist eine Behandlung sehr schwierig.

ANSTECKUNG IM KRANKENHAUS Dringen durch eine Wunde oder einen unsterilen Schlauch MRSA-(Methicillin-resistenter *Staphylococcus aureus*) Bakterien ein, können sich Klinikpatienten infizieren. MRSA-Infizierte werden auf der Isolierstation mit starken Antibiotika behandelt, können aber auch an der Infektion sterben.

MRSA-Bakterien

HIV (rot) dringt in Blutzellen ein.

HIV UND AIDS Das Aids auslösende Immunschwächevirus HIV vernichtet weiße Blutkörperchen, vermehrt sich und breitet sich aus. Dadurch verliert der Körper seine Widerstandskraft gegen Krankheiten. Weltweit sind 42 Mio. Menschen infiziert. Aids entwickelt sich derzeit zu einer der häufigsten Todesursachen in der Menschheitsgeschichte.

Weißes Blutkörperchen (hier grün eingefärbt)

AUFKLÄRUNG TUT NOT Am Welt-Aids-Tag (1. Dezember) brennen Kerzen für die Opfer der Krankheit. Durch Aufklärungskampagnen auf der ganzen Welt will man Aids eindämmen. Es gibt noch kein Heilmittel, und in den Entwicklungsländern ist der Zugang zu lebensverlängernden Medikamenten oft beschränkt.

Künftige Katastrophen

Je stärker die Weltbevölkerung wächst, desto mehr Opfer werden künftige Vulkanausbrüche und Tsunamis fordern. Wissenschaftler rechnen mit einer gewaltigen Vulkaneruption in den USA und mit einem Mega-Tsunami bei den Kanarischen Inseln, allerdings erst in fernerer Zukunft. Zu unseren Lebzeiten ist es wahrscheinlicher, dass Pandemien Millionen Menschenleben fordern. Eine Katastrophe könnte alles Leben auf der Erde mit einem Schlag vernichten: ein Erdbahnkreuzer (oder NEO für Near Earth Object), etwa ein Riesenmeteorit, der unseren Planeten trifft.

SUPERVULKAN
Unter dem Yellowstone-Nationalpark in den USA heizt eine riesige Magmakammer das Wasser auf, das aus den berühmten Geysiren schießt. Bei sehr hohem Druck in der Kammer kann es zum größten Vulkanausbruch der Geschichte kommen, der einen großen Teil der USA zerstören und so viel Asche in die Luft schleudern würde, dass die Erde abkühlt. Manche Wissenschaftler halten eine Eruption im Yellowstone-Park für bereits überfällig.

PULVERFASS ITALIEN
Wenn der Vesuv heute erneut ausbräche, wären die Folgen schlimmer als im Jahr 79 n.Chr. bei der Zerstörung von Pompeji. Süditalien ist derzeit die am dichtesten besiedelte Vulkanregion. In der Gegend um den Vesuv wären sechs größere Städte bedroht, darunter Neapel mit rund 1 Mio. Einwohnern.

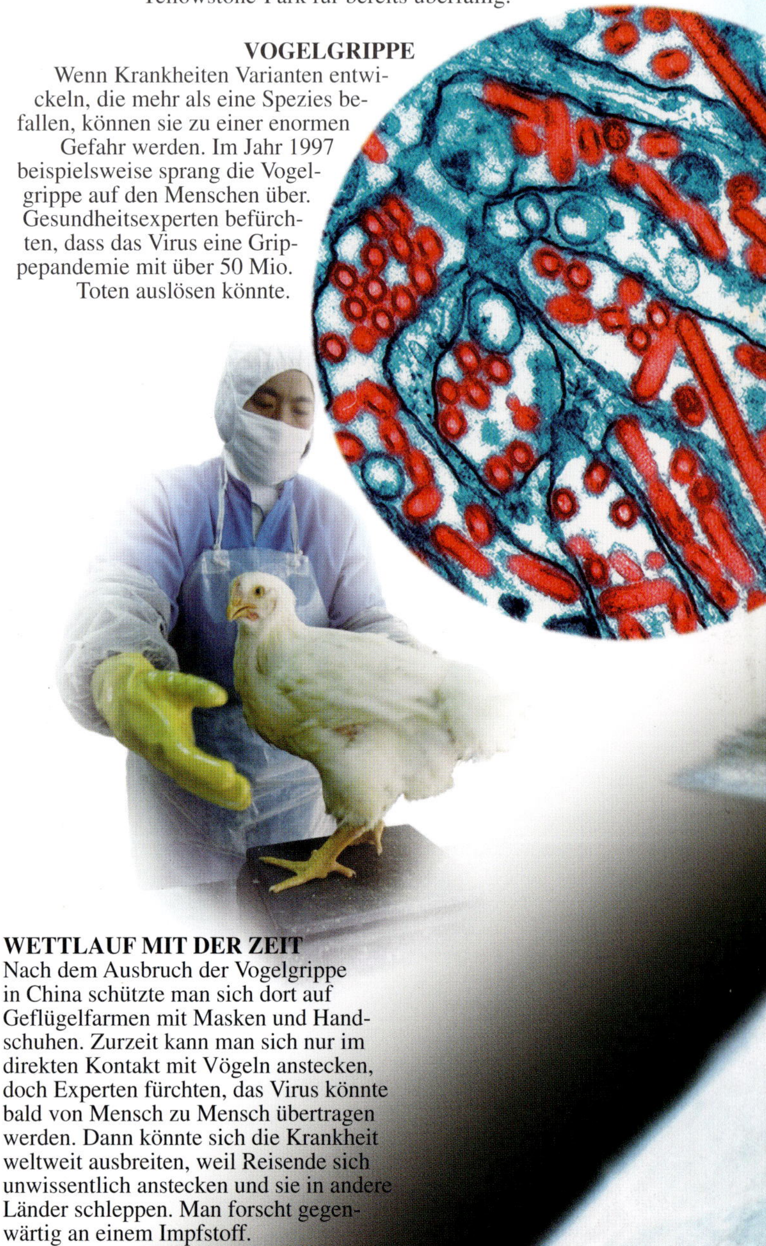

VOGELGRIPPE
Wenn Krankheiten Varianten entwickeln, die mehr als eine Spezies befallen, können sie zu einer enormen Gefahr werden. Im Jahr 1997 beispielsweise sprang die Vogelgrippe auf den Menschen über. Gesundheitsexperten befürchten, dass das Virus eine Grippepandemie mit über 50 Mio. Toten auslösen könnte.

WETTLAUF MIT DER ZEIT
Nach dem Ausbruch der Vogelgrippe in China schützte man sich dort auf Geflügelfarmen mit Masken und Handschuhen. Zurzeit kann man sich nur im direkten Kontakt mit Vögeln anstecken, doch Experten fürchten, das Virus könnte bald von Mensch zu Mensch übertragen werden. Dann könnte sich die Krankheit weltweit ausbreiten, weil Reisende sich unwissentlich anstecken und sie in andere Länder schleppen. Man forscht gegenwärtig an einem Impfstoff.

Erstes 1,2 m-Spiegelteleskop

Zweites 1,2 m-Spiegelteleskop

Die Cumbre-Vieja-Vulkankette könnte ins Meer stürzen.

Das Gerät ist drehbar auf einem Aufsatz angebracht.

MEGA-TSUNAMI
Es gibt Vermutungen, denen zufolge ein Vulkanausbruch die Westhälfte von La Palma/Kanarische Inseln im Meer versenken könnte. Rund 500 Mrd. t Land würden dann ins Wasser stürzen und einen Mega-Tsunami über den Atlantik jagen. Die amerikanische Ostküste von New York bis Miami würde von 20 m hohen Wellen überflutet.

SUCHE IM ALL
Mit diesem Teleskop des Maui-Observatoriums auf Hawaii lässt sich die Bewegung von NEOs verfolgen, die mit der Erde zusammenprallen könnten. Die NASA beobachtet 1855 solcher Erdbahnkreuzer – gegenwärtig nimmt keiner Kurs auf die Erde. Der Einschlag eines Himmelskörpers von 1 km Durchmesser würde alles im Umkreis von 500 km vernichten.

Grippevirus-partikel (rot)

Kulturzellen (blau), die zur Virusforschung verwendet werden

Künstlerische Darstellung des Meteoriteneinschlags, der möglicherweise die Dinosaurier auslöschte

AUF KOLLISIONSKURS
Sehr viel deutet darauf hin, dass vor 65 Mio. Jahren ein Himmelskörper von 10 km Durchmesser die mexikanische Halbinsel Yucatán traf. Der Einschlag löste vermutlich einen Mega-Tsunami mit 1 km hohen Wellen aus. Eine Wolke aus Wasserdampf und Staub stieg in die Atmosphäre und verdunkelte die Sonne, sodass auf der ganzen Erde monatelang Winter herrschte. Man vermutet, dass diese Naturkatastrophe die Dinosaurier und zwei Drittel der damals existierenden Tierarten ausrottete. Um die Erde vor NEOs zu schützen, die eine Katastrophe ähnlichen Ausmaßes zur Folge hätten, suchen Wissenschaftler nach Möglichkeiten, sie mit Atomsprengköpfen zu zerstören oder aus ihrer Bahn zu schleudern.

Register

A, B, C

D, E

F, G

H, I, J, K

L, M

N, O, P, R

S, T

U, V, W, Y, Z

Bildnachweis

Abkürzungen: o = oben, u = unten, m = Mitte, l = links, r = rechts

1 Science Photo Library: NOAA. **2 Corbis:** Jim Reed (ur); Roger Ressmeyer (or). **2 Getty Images:** Jimin Lai/AFP (ur). **2 Rex Features:** HXL (ol). **3 DK Images:** mit freundlicher Genehmigung des Glasgow Museum (or); mit freundlicher Genehmigung des Museo Archeologico Nazionale di Napoli (ul). **Photolibrary.com:** Warren Faidley/OSF (ol). **Science Photo Library:** Planetary Visions Ltd. (mr); Zephyr (ur). **4 www.bridgeman.co.uk:** Die große Welle von Kanagawa, aus: „36 Ansichten des Fudschijama", um 1831, Farbholzschnitt (Ausschnitt) von Hokusai, Katsushika, Tokyo Fuji Art Museum, Tokio/Japan (ul). **Corbis:** Dan Lamont (ur). **DK Images:** (ol); Michael Zabe CONACULTA-INAH-MEX. Autorisierte Reproduktion des Instituto Nacional de Antropologia. **Rex Features:** Masatoshi Okauchi (mr). **Science Photo Library:** NASA (or). **5 Corbis:** Alfio Scigliano/Sygma. **6 Corbis:** Noburu Hashimoto (u). **Getty Images:** Jim Sugar/Science Faction (mr). **Science Photo Library:** (or); Planetary Visions Ltd. (ol). **7 Corbis:** Frans Lanting (or). **Getty Images:** Aaron McCoy/Lonely Planet Images (ml); Andres Hernandez/Getty Images News (u). **Science Photo Library:** Eye of Science (mr). **8 DK Images:** mit freundlicher Genehmigung des Natural History Museum, London (ol). **9 Corbis:** (ml), (m); Kevin Schafer (mr). **Rob Francis:** (u). **10 www.bridgeman.co.uk:** Die große Welle von Kanagawa, aus: „36 Ansichten des Fudschijama", um 1831, Farbholzschnitt (Ausschnitt) von Hokusai, Katsushika, Tokyo Fuji Art Museum, Tokio/Japan (ol). **Corbis:** Academy of Natural Sciences of Philadelphia (or); Reuters (ur). **Science Photo Library:** Stephen und Donna O'Meara (ml). **11 Science Photo Library:** Digital Globe, Eurimage (ol); (or). **12 Corbis:** Lloyd Cluff (u). **Science Photo Library:** George Bernard (m). **12–13** Tony Friedkin/Sony Pictures Classics/ZUMA. **13 Corbis:** (mr). **Empics Ltd.:** AP (u). **Associate Professor Ted Bryant, Associate Dean of Science, Universität Wollongong** (o). **14 Corbis:** Dadang Tri/Reuters (ol). **Empics Ltd.:** AP (ur). **Rex Features:** SIPA (u). **15 Empics Ltd.:** (mr); Karim Khamzin/AP (u). **Panos Pictures:** Tim A. Hetherington (ml). **Reuters:** Amateur Video Grab (o). **16 Corbis:** Thomas Thompson/WFP/Handout/Reuters (ml). **Getty Images:** Jimin Lai/AFP (u). **Panos Pictures:** Dieter Telemans (or). **16–17 Corbis:** Babu/Reuters (m). **17 Corbis:** Bazuki Muhammas/Reuters (ul); Yuriko Nakao (or). **Rex Features:** RSR (ur). **18 Empics Ltd.:** Wang Xiaochuan/AP (or). **Rex Features:** HXL (ol); Nick Cornish (NCH) (o); SS/Keystone USA (KUS) (ml). **18–19 Corbis:** Chaiwat Subprasom/Reuters (u). **19 Rex Features:** IJO (ur); Roy Garner (m). **20 Getty Images:** Getty Images News (u). **Panos Pictures:** Dean Chapman (ol). **Rex Features:** Masatoshi Okauchi (or). **21 Corbis:** Chaiwat Subprasom/Reuters (r). **Empics Ltd.:** Lucy Pemoni/AP (mr). **Getty Images:** Getty Images News (ml). **Science Photo Library:** David Durcros (ol); US Geological Survey (u). **22 Corbis:** Reuters (ur). **Science Photo Library:** Georg Gerster (ml). **23 Corbis:** Owen Franken (o). **DK Images:** Science Museum, London (mr). **Science Photo Library:** NASA (ul); Zephyr (ur). **24 Corbis:** Kurt Stier (ml); Patrick Robert/Sygma (or); Ryan Pyle (ul). **24–25 Rex Features:** Sipa Press (u). **25 Corbis:** Andrea Comas/Reuters (ur); Michael S. Yamashita (ol). **26 Corbis:** Jose Fuste Raga (or). **© Michael Holford:** (ol). **FLPA – Images of Nature:** S. Jonasson (ul). **26–27 Science Photo Library:** Bernhard Edmaier (u). **27 Corbis:** Reuters (mr). **Science Photo Library:** Mauro Fermariello (ml). **28 Corbis:** Gary Braasch (ol); Roger Ressmeyer (ml). **28–29 Corbis:** Alfio Scigliano/Sygma (um). **29 www.bridgeman.co.uk:** Privatsammlung, Archives Charmet (ml). **Corbis:** Alberto Garcia (o). **DK Images:** mit freundlicher Genehmigung des Museo Archeologico Nazionale di Napoli (ur). **Empics Ltd.:** Itsuo Inouye/AP Photo (mr). **30 Corbis:** John van Hasselt (mr); Lowell Georgia (or); S.P. Gillette (ml). **Getty Images:** Vedros & Associates/The Image Bank (ol). **Science Photo Library:** Mark Clarke (ur). **31 Corbis:** Jonathan Blair (ml); Reuters (ul), (um). **Robert Harding Picture Library:** Tony Waltham (ur). **32 Alamy Images:** Andrew Parker (ur). **32–33 Science Photo Library:** NASA (m). **33 Corbis:** Christopher Morris (ul). **US Marine Corps:** Gunnery Sgt. Shannon Arledge (ur). **34 Science Photo Library:** Jean-Loup Charmet (ol). **34–35 Science Photo Library:** Kent Wood (m). **35 Corbis:** George Hall (o). **FLPA – Images of Nature:** Jim Reed. **Science Photo Library:** Jim Reed (mu); Peter Menzel (m). **36 Science Photo Library:** Colin Cuthbert (or); NOAA (u). **37 Photolibrary.com:** Warren Faidley/OSF (u); Warren Faidley/OSF (or). **Science Photo Library:** Jim Reed (m); NOAA (ol). **38 Corbis:** Reuters (u). **Science Photo Library:** Chris Sattlberger (ml), (mr). **38–39 Science Photo Library:** NASA/Goddard Space Flight Center (o). **39 Empics Ltd.:** Dave Martin/AP (ur). **Getty Images:** Ed Pritchard/Stone (ml). **FLPA – Images of Nature:** (or). **40 Corbis:** Irwin Thompson/Dallas Morning News (ul); Smiley N. Pool/Dallas Morning News (ml); Vincent Laforet/Pool/Reuters (ur). **41 Corbis:** Irwin Thompson/Dallas Morning News (or); Ken Cedeno (ol); Michael Ainsworth/Dallas Morning News (ur). **40–41 Science Photo Library:** NOAA (m). **42 Photolibrary.com:** Warren Faidley/OSF (m), (ul), (um), (ur). **43 Photolibrary.com:** Warren Faidley/OSF (ml). **Corbis:** (m). **Science Photo Library:** J.G. Golden (or); Jim Reed (ul); Mary Beth Angelo (or). **44 Getty Images:** AFP (or). **44–45 Corbis:** Reuters (um). **45 Corbis:** Jim Reed (um), (ur); Reuters (ol); Tom Bean (or). **46 DK Images:** Michael Zabe CONACULTA-INAH-MEX. Autorisierte Reproduktion des Instituto Nacional de Antropologia (or). **46–47 Corbis:** Reuters (u). **47 Corbis:** Brooks Kraft (or); Rafiqur Rahman/Reuters (ur); Romeo Ranoco/Reuters (m). **Magnum:** Philip Jones-Griffiths (ol). **48 Getty Images:** Philippe Dureuil/Photonica (ml). **Magnum:** Steve McCurry (ul). **Science Photo Library:** Novosti Photo Library (or). **48–49 Corbis:** Reuters (mu). **49 Corbis:** Howard Davies (ur). **Getty Images:** Time Life Pictures (ol). **Photolibrary.com:** Sarah Puttnam/Index Stock Imagery (or). **50 Corbis:** Polypix, Eye Ubiquitous (ol); Stephenie Maze (ul). **FLPA – Images of Nature:** Ben van den Brink/Foto Natura (ml). **Science Photo Library:** NASA (or). **50–51 Corbis:** Jonathan Blair. **51 Corbis:** Douglas Faulkner (ol); Ed Kashi (or). **52 NASA:** (ml). **Panos Pictures:** Paul Lowe (u). **52–53 Corbis:** Steven K. Doi/ZUMA. **53 Corbis:** Dan Lamont (u). **Panos Pictures:** Dean Sewell (m), (o). **54 Science Photo Lib-rary:** (o); NASA (ml), (mr). **54–55 Corbis:** Hans Strand. **55 Science Photo Library:** Alexis Rosenfield (ml); British Antarctic Survey (mr). **56 Science Photo Library:** BSIG, M.I.G./BAEZA (ul); David Hay Jones (ol); NASA (or). **56–57 Getty Images:** Steven Wienberg/Photographer's Choice. **57 FLPA – Images of Nature:** Norbert Wu/Minden Pictures (mr). **Magnum:** Jean Gaumy (ol). **Science Photo Library:** Simon Fraser (ur). **Still Pictures:** W. Ming (or). **58 Empics Ltd.:** David Guttenfelder/AP (ul); Jordan Peter/PA (ml). **Science Photo Library:** John Burbridge (or). **58–59 Science Photo Library:** Colin Cuthbert. **59 Science Photo Library:** Andrew Syred (or); Astrid und Hanns-Frieder Michler (ol); Eye of Science (mr). **60 Empics Ltd.:** John Moore/AP (ul). **Eye Ubiquitous:** Hutchison (ur). **Science Photo Library:** James King-Holmes (ol). **61 Corbis:** Erik de Castro/Reuters (ur); Pallava Bagla (o). **Science Photo Library:** AJ Photo/Hop Amercain (m); Andy Crump, TDR,WHO (or); CDC (cl); NIBSC (um). **62 Corbis:** Claro Cortes IV/Reuters (um); Jeff Vanuga (o); Roger Ressmeyer (ul). **Science Photo Library:** CDC/C. Goldsmith/J. Katz/S. Zaki (m). **63 Corbis:** Roger Ressmeyer (or). **Science Photo Library:** NASA (ol), (u).

Einbandvorderseite Getty Images: Warren Bolster (m). **Science Photo Library:** Claude Nuridsany (ol). **Science Photo Library:** NOAA (omll). **Getty Images:** Andres Hernandez (om). **Alamy:** George und Montserrate Schwartz (omrr). **Corbis:** or). **Einbandrückseite: DK Images:** Gables Travels (ul). **Empics/AP:** (mlu). **US Geological Survey R.L. Schuster** (ml). **Science Photo Library:** Krafft/Explorer (mlo). **Science Photo Library:** Claude Nuridsany (ol). **Science Photo Library:** NOAA (omll). **Getty Images:** Andres Hernandez (om). **Alamy:** George und Montserrate Schwartz (omrr). **Corbis:** Joseph Sohm/Chromosohm Inc.(or). **DK Images:** National Maritime Museum (oro). **Corbis/Bettmann:** (mr). Alle anderen Abb. © DK Images.

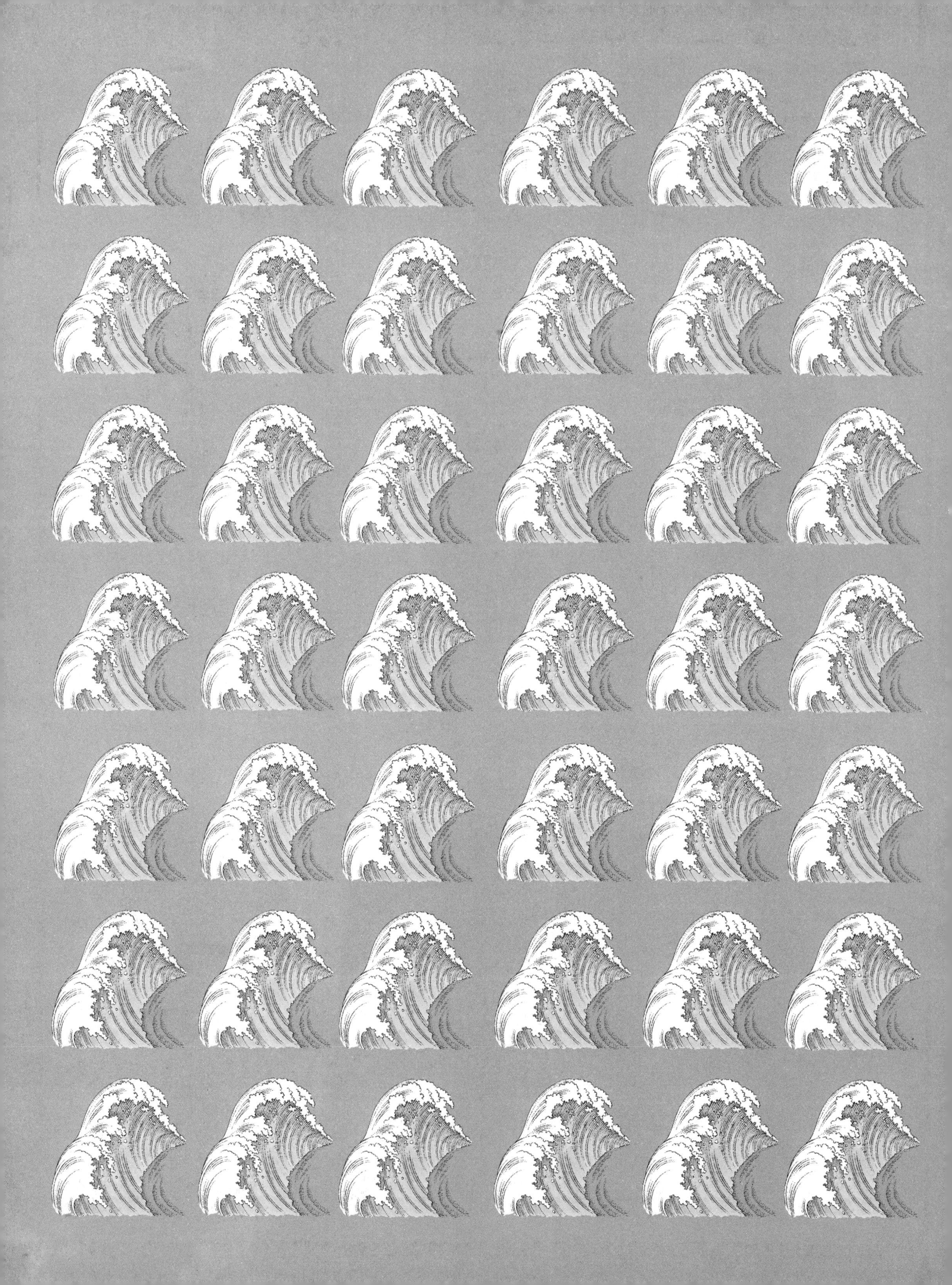